U0907241

# 把信送给加西亚

【美】阿尔伯特·哈伯德（Elbert Hubbard） 著
邢群麟 译

中华工商联合出版社

**图书在版编目（CIP）数据**

把信送给加西亚 /（美）阿尔伯特 · 哈伯德著；邢群麟译．-- 北京：中华工商联合出版社，2017.1（2021.6 重印）

ISBN 978-7-5158-2052-1

Ⅰ．①把… Ⅱ．①阿… ②邢… Ⅲ．①职业道德－通俗读物 Ⅳ．① B822.9-49

中国版本图书馆 CIP 数据核字（2017）第 171533 号

**把信送给加西亚**

作　　者：【美】阿尔伯特 · 哈伯德（Elbert Hubbard）
译　　者：邢群麟
责任编辑：林　立
装帧设计：北京东方视点数据技术有限公司
责任审读：郭敬梅
责任印制：迈致红
出版发行：中华工商联合出版社有限责任公司
印　　刷：唐山富达印务有限公司
版　　次：2018 年 1 月第 1 版
印　　次：2021 年 6 月第 2 次印刷
开　　本：710mm × 1020mm　1/16
字　　数：160 千字
印　　张：12
书　　号：ISBN 978-7-5158-2052-1
定　　价：78.00 元

**服务热线：**010-58301130
**销售热线：**010-58302813
**地址邮编：**北京市西城区西环广场 A 座 19-20 层，100044
http: //www.chgslcbs.cn
E-mail: cicap1202@sina.com（营销中心）
E-mail: gslzbs@sina.com（总编室）

# 译者前言

许多年以来，无论是美国西点军校还是美国海军军官学校都会学一篇文章，它向学生传授如何自我依靠、如何在行动中体现出主动性。这篇文章的作者就是哈伯德，这篇文章就是《把信送给加西亚》。一代代的美国人深受此文的激励，同样，在全世界，也有许多人受此文的影响踏上了成功之路。

无可争议的是，阿尔伯特·哈伯德所写的《把信送给加西亚》是一部百年经典，在作者尚在世的 1913 年，它就印刷达四千万册。可以说，在他之前从事写作的个人当中，还从来没有哪一个人能够像他一样，在有生之年凭借一本书就达到这样令人恐怖的销售纪录。从那时到现在又过去了一百多年，作为历史上最畅销的图书之一，《把信送给加西亚》仍然广受青睐，仍然在被无数次地印刷、复制，发给士兵、公务员、公司职员和其他人，具体的发行数量已经难以统计。2000 年该书被两家美国很有影响的杂志评为“有史以来全球最畅销书”第六名。有人甚至认为它是有史以来仅次于《圣经》的第二畅销书。

这本小册子的魅力到底在哪里呢？

它告诉我们，一定要努力去执行，主动地去执行上级指示，以极大的敬业精神从事上级或老板交给的任务。一切的意义只有在忠实地执行中才会体现出来。这一百年金身不破的卓越理念使多少伟业卓然成就，使多少凡人成为伟人，使一个个普通的团队成为最卓越的精英团队。

当全世界都在津津乐道于“变化”、“创新”等时髦的概念时，似乎重提“忠诚”、“敬业”、“服从”、“信用”之类的话题未免显得过于陈旧。然而，员工的忠诚和敬业精神缺失却一直困扰着企业家和公司的管理者们。在一个不断变化的世界里，许多有价值的东西正在失去，这其中包括那些最基本的商业精神——信用、勤奋和敬业。许多年轻人以频繁跳槽为能事，以善于投机取巧为荣耀。老板一转身就懈怠下来，没有监督就没有工作。工作时推诿塞责，划地自封，不思自省，却以种种借口来遮掩自己缺乏责任心的现实。懒散、消极、怀疑、抱怨……种种职业病如同瘟疫一样在企业、政府机关、学校蔓延，无论付出多么大的努力都无法彻底消除。自恃有才华，却没有责任心、没有敬业精神，如此这般我们是否真的能顺利前行？

哪里能找到将信送给加西亚的人？管理者们常常发出这样的感叹。

如何把信送给加西亚的故事、送信人罗文的故事，以及基于这个故事之上的《把信送给加西亚》已经是全世界的经典。“送信”本身已经变成了一种具有象征意义的东西，变成了一种忠于职守、敬业、服从和荣誉的象征。

有些人觉得《把信送给加西亚》是一篇从老板的角度看问题的文章，有些观点有失偏颇，有些甚至对员工而言是不公正的。确实，有的人对文本所表现出来的轻视穷人、吹捧富人的言论表示反感。有的人认为愚忠也是有害的。但是我们也应该看到，真正的忠诚和敬业精神并不仅仅有益于公司和老板，最大的受益者是我们自己、是整个社会。一种职业的责任感和对事业高度的忠诚一旦养成，会让你成为一个值得信赖的人，一个可以被委以重任的人。这种人永远会被上级领导或老板所看重，永远不会失业。而那些懒惰的、终日抱怨和四处诽谤的人，即使独立创业，为自己的公司而工作，也无法改变这些恶习而获得成功。有关罗文的故事和其中的浅显的道理超过了许多大学里所教授的深奥理论。作者甚至认为，它的影响不仅局限于一个人、一个企业、一个国家，甚至整个人类文明的发展都有赖于此。正如作者在书中所说："文明，就是热切地寻找这种人才的一段探索过程。"也许是有些高估了，但对于一本浅显的励志类图书而言，它的立意是明确的，是有相当说服力的。

这个译本是一个全新译本，第一辑的《把信送给加西亚》及相关的资料与坊间的各种其他译文有极大的不同，它们更忠实于原文。本书的第一辑，不仅收入了阿尔伯特·哈伯德所写的《把信送给加西亚》这篇著名的文章和罗文所写的《我是如何把信送给加西亚的》一书，也收入了其他的资料。这些附加的资料能够让我们更好地理解作为本书主干的阿尔伯特·哈伯德所写的《把信送给加西亚》一文和罗文所写的《我是如何把信送给加西亚的》一书。特别有意思的是，译本收入了莫雷斯所写的《现在，加西亚不曾收到给他的信》一文，作者在文中透露了阿尔伯特·哈伯德所写的《把信送给加西亚》在当代美国的命运，他认为此书在某些方面已经不合时宜了。时代在变化，人们的观念也在变化，对一些事物的看法有争议、有不同意见是好的。当然，这篇文章中所说的"此文已经无人阅读"这样的说法是不对的，事实上它仍被广泛阅读，在一些大公司和军校，至今仍然被奉为经典。回看历史，往往越是比较经典的东西，争议来得越大一些。

对于这本书——《把信送给加西亚》，也有一些争议，我们在这里把莫雷斯的文章译出，就是为了提供一个新的视角，兼听则明，我们相信广大读者会做出自己的甄别。

本书的第二辑，是哈伯德文萃，收入了哈伯德最经典的二十七篇文章，内容涉及工作、教育、精神、友谊、爱情、大自然和宗教等。这些文章涉及的范围广泛，极为精彩，是对人生的精辟见解，全面反映了哈伯德个人多彩的思想，可以突破哈伯德仅是一个励志作家的呆板形象，在捧读过程中常给人醍醐灌顶、豁然开朗之感。特别要指出的是，本辑的文章中，除了《阿尔伯特·哈伯德的商业信条》、《阿尔伯特·哈伯德的人生信条》和《阿尔伯特·哈伯德论主动》等少数文章以外，其他的内容大多是国内首次译出的。

本书最后有四个附录，分别是阿尔伯特·哈伯德、加西亚和罗文三个人的传记材料及《把信送给加西亚》一文的英文版原文。其中介绍罗伯特·科赫所写的哈伯德的传记材料比较详尽，它为我们理解哈伯德的一生提供了丰富的资料，也使我们了解到哈伯德及其事业的不同侧面。

是为序。

译者于杭州

# 目　录

第一辑

# 《把信送给加西亚》及相关资料

# 一、原出版者手记

阿尔伯特·哈伯德，美国纽约东奥罗拉的罗依科罗斯特出版社的创始人。他坚强刚毅，毕生不懈地努力工作。不幸的是，1915 年，他乘坐的“路西塔尼亚”号轮船被德国水雷击中，沉入海底，从而过早地结束了其辉煌的事业。

1856 年，哈伯德出生在伊利诺伊州的布鲁明顿——后来因罗依科罗斯特出版社创办的高质量出版物而闻名于世。在经营这家出版社的同时，阿尔伯特·哈伯德还创办了两本杂志：《腓力斯人》和《兄弟》。实际上，杂志中的许多文章都是出自他一人之手。在写作、出版的同时，哈伯德还致力于公众演讲，他在演讲台上所取得的成就不亚于在写作和出版上的成就。

《把信送给加西亚》一经问世，就赢得了极高的赞誉，这出乎作者的意料。

故事中那个英勇的送信人，叫安德鲁·罗文，是美国陆军的一名年轻中尉。在美西战争爆发时，美国第二十五任总统麦金莱急需一名信使去完成一项极为重要的任务——将一封密信交给古巴将军加西亚。军事情报局向总统推荐了这名中尉。

在孤身一人没有任何护卫的情况下，罗文中尉立刻出发了，一直到他秘密登陆古巴岛，古巴的爱国者们才给他派了几名当地的向导。那次冒险经历，用他自己谦虚的话来说，仅仅受到了几个敌人的包围，然后设法从中逃出来并把信送给了加西亚将军——一个掌握着决定性力量的人。

期间自然避免不了许多促使其成功的偶然因素，但是，个人的努力及这位迫切希望完成任务的年轻中尉的勇气和不屈不挠的精神更是成功的必然因素。为了表彰他所做的贡献，美军陆军司令曾为他颁发了奖章，并给予他极高的评价："罗文出色的成绩，是军事战争史上最具冒险性和最勇敢的事迹。"

这一点当然毫无疑问，但人们更应该意识到，取得成功的最重要的因素并不是因为他杰出的军事才能，而是他崇高的道德品质。正是这种品质，才使得罗文中尉永远为历史、为世人所铭记。

# 二、1913 年版作者序

这本微不足道的小册子《把信送给加西亚》是在一天晚饭后写成的，仅仅用了一个小时。时值 1899 年 2 月 22 日，正是华盛顿的诞辰日，也是我们准备出版三月份的《腓力斯人》的日子。这天我突然感觉心潮澎湃，便在这疲乏的一天将近结束之时写下了这本小册子。

当时我正致力于教育那些失职的村民们放弃昏睡状态，重新振作起来。

尽管只是一个喝茶时偶然的小小的辩论，但却给我一个直接的启发。当时我的儿子比德争辩说：罗文是古巴战争中真正的英雄，他只身一人出发，完成了一件了不起的事情——把信送给了加西亚。

这个想法就像火花一样在我脑中一闪！是的，孩子是对的：英雄就是做了自己应该做的事的人——把信送给加西亚的人。

我从桌边一跃而起，开始奋笔疾书。写完后我毫不犹豫地把文章登在了当月的杂志上，它当时连一个标题都没有。

这一版很快售罄。不久，请求加印三月份《腓力斯人》的订单纷至沓来。十二份、五十份、一百份……当美国新闻公司订购一千份时，我问一个助手究竟是哪一篇文章引起了如此的轰动，他说："就是有关加西亚的那篇文章。"

第二天，纽约中心铁路局的乔治·H. 丹尼尔斯发来了一份电报："订购十万份以小册子形式印刷的关于罗文的文章……请报价……封底要有纽约州快车的广告……请问在多长时间内可以运达？"

我给了他报价，并且确定我们能够在两年时间内提供那些小册子——当时的印刷设备小而简陋，印十万份小册子听起来是一项十分可怕的任务。

我答应丹尼尔斯先生按照他的方式来重印那篇文章，结果是，他居然销售和发送了近五十万本这样的小册子！其中的两三成都是由丹尼尔斯先生直接发送的。除此之外，这篇文章在两百多家杂志和报纸上转载刊登，现在已被翻译成了几乎所有的文字在全世界流传。

正当丹尼尔斯先生发送《把信送给加西亚》之时，俄罗斯铁道大臣西拉克夫亲王恰巧也在纽约。他受纽约中心铁路局之邀来访，丹尼尔斯先生亲自陪同其参观纽约。亲王看到了这册小书并对它产生了浓厚的兴趣。亲王回国后，让人把此书译成了俄文，发给俄罗斯铁路工人人手一册。

其他国家也纷纷翻译引进，从俄罗斯流向德国、法国、西班牙、土耳其、印度和中国。日俄战争期间，每一位上前线的俄罗斯士兵人手一册《把信送给加西亚》。日本人在俄罗斯战俘身上发现了这些小册子，他们断定这肯定是一件十分有价值的东西，于是，这篇文章又有了日文版。日本天皇下了一道命令：每一位日本政府官员、士兵乃至平民都要人手一册《把信送给加西亚》。

迄今为止，《把信送给加西亚》的印数高达四千万册。可以说，在历史上，在所有从事写作的个人中，在其有生之年里，以前还从来没有一个人，他一本书的销量可以达到这个数字。这应该感谢我碰到的一系列的好运。

阿尔伯特·哈伯德

1913年12月1日

# 三、把信送给加西亚

在所有与古巴相关的事件中，有一个人常常出现在我记忆的地平线上，就像火星出现在穹顶。

在美西战争爆发以后，美国必须马上与起义军首领加西亚将军取得联系。当时，加西亚将军隐遁于古巴辽阔的崇山峻岭中——没有人知道确切的地点，因而也没有任何邮件或者电报可以送给他。但是，美国总统又必须和他建立合作关系，而且要尽快。那怎么办呢？

这时，有人对总统说："有一个名叫罗文的人，如果有人能找得到加西亚将军，那么，那个人一定就是他。"

于是，罗文被请来了，他们交给他一封信——写给加西亚的信。关于那个名叫罗文的人，如何拿了信，将它装进一个油布袋里、打上封口、系在胸口藏好；又如何乘着无篷船在航行四天以后趁着夜色在古巴海岸登陆，消失在丛莽里；再经过三个星期之后，穿越一个危机四伏的岛国，来到它的另一岸，将信交到加西亚手上——这些细节都不是我想在这里详述的，我要强调的重点是：

麦金莱总统将一封写给加西亚的信交给了罗文，罗文接过信后，并没有问："他到底在哪里？"

这是不朽的！像罗文这样的人，我们应该为他塑一座不朽的铜像，放在全国的每一所大学校园里。年轻人所需要的不仅仅是那些书本上的知识，也不仅仅是聆听他人的种种教诲，而是更需要塑造一种敬业精神，忠于上级的托付，立即采取行动，焕发起所有的能量去完成任务——"把信送给加西亚"。

加西亚将军已不在人世了，但现在还有其他的"加西亚"。没有人能经营好这样的企业——虽然需要众多人手，但是令人震惊的是，企业里面充斥着大量碌碌无为之辈——他们要么无能，要么根本不愿意把心思放在所做的事情上。

漫不经心的辅佐、愚蠢的疏忽、无动于衷的冷漠，以及半心半意的工作态度，这对于许多人来说似乎已经变成常态。除非苦口婆心、威逼利诱，或者有奇迹出现，或派一名天使相助——否则，这些人什么事也做不成。

作为读者，你可以和我们来做个试验：此刻你正坐在办公室里——有六名职员在等待安排任务。你将其中一位叫过来，吩咐他说："请帮我查一查百科全书，就克里吉奥的生平事迹做成一篇摘要。"该职员会静静地回答"好的，先生"，然后立即去执行吗？

我敢打赌，他绝对不会。他会用鱼一样的可疑的眼睛盯着你，提出一个或数个如下的问题：

他是谁呀？

哪套百科全书？

百科全书放在哪儿？

这属于我的工作职责范围吗？

你说的是不是俾斯麦？

为什么不叫查理去做呢？

他死了吗？

这件事是否紧急？

我能不能把书拿给你，你自己去查？

你想了解的是什么？

我敢以十比一的赌注跟你打赌，在你回答了他所提出的问题、解释了如何去查那些资料，以及为什么要查的理由之后，那个职员会走开，去吩咐另外一个职员帮助他寻找"加西亚"，然后回来告诉你，根本就没有这么个人。当然，这次打赌我也可能输掉，但是根据平均率法则，我相信自己不会输。

是的，如果你足够聪明，就不应该再费神对你的“助理”解释：“克里吉奥”处在附录的字母C项下，而不是字母K项下。你会笑得很甜蜜，并对他说“没关系”，然后自己去查。

这种没有独立行事能力的行为，这种道德的愚行，这种意志的脆弱，这种不勇于接受和担当的工作作风，都是导致纯粹的社会主义在未来难以实现的原因。

如果人们都不能为了自己而自我激励，那么当他们在为全体社会的利益服务时，他们又会怎么样呢？

例如，你登广告征求一名速记员，应征者中，十有八九不会拼也不会写，他们甚至认为这些都不是必要条件。

这种人能够写出一封致加西亚的信吗？

“你看那个簿记员。”一家大公司的领班对我说。“看到了，怎么样？”“他是个不错的会计，但是，如果我派他到城里去办个小差事，他也许能够完成任务。但另一方面，他可能在四个美容院前驻足。而到了闹市区，他甚至可能完全忘记自己究竟是来干什么的。”对这种人你能足够信任到派他去给加西亚送信吗？

最近，我们经常听到许多人对那些“在苦力工厂受压迫”和“寻找雇用机会的无家可归”的人的感情脆弱的同情，同时他们还对那些雇主提出严厉的指责。

但是，从没有人提到那些未老先衰的雇主们的智力工作，他力图让那些懒虫能够做得好一些，但是他长期的、耐心的“帮助”都是无用功，只要他一转身，那些人又开始闲荡起来。

在每家商店和工厂，都有一个不断的“除草”过程。公司负责人不断地送走那些没有能力对公司的发展有所贡献的员工，同时也吸纳新的成员。无论业务如何繁忙，这种整顿一直在进行着。只有当经济不景气、就业机会不多的时候，这种整顿才会有明显的效果——那些无法胜任工作、缺乏才干的人都被摈弃于公司的大门之外，只有那些最能干的人才会被留下来。追逐自己利益的欲望驱动每个老板只会留住那些最优秀的职员——那些能“把信送给加西亚”的人。

我认识一个很有才华的人，但是他却缺乏独立做生意的能力，对他人来说也没有丝毫价值，因为他总是偏执地怀疑自己的老板在压榨他，或企图压榨他。他既不能指挥他人，也不能被他人指挥。如果你让他“送封信给加西亚”，他的回答极有可能是：“你自己去吧。”

今天晚上，顶着吹透他破衣烂衫的呼啸冷风，这个人还会穿行在大街上寻找工作。没有任何一个了解他的人敢雇用他，因为他是一个永远心怀不满之人。任何劝说对他来说都是毫无作用的，唯一可以影响他的就是他的那双厚底的九号鞋。

当然，我知道这种在道德上扭曲的人和那些在肢体上畸形的人一样可怜。但是，当我们对这类人施以同情之时，我们也应该为那些为伟大的事业鞠躬尽瘁的人掬一捧同情之泪：他们在下班铃声响了以后还在工作，他们的头发过早转白，而这都是因为他们想努力维持一份事业而劝服懒散冷漠、粗心低能、无心报恩的人回到正常轨道上来。没有这份事业，雇员们都将挨饿和无家可归。

我是否说得太严重了？也许是的。不过，即使整个世界变成一座贫民窟，我也要为成功者说几句公道话——他们克服了重重障碍，给别人指出了前进的方向，终于取得了成功。但是他们从成功中又得到了什么呢？一片空虚，除了面包和衣服以外，一无所有。

我曾经送过外卖，为别人打过工，我也曾当过老板，我深知两方面的种种酸甜苦辣。贫穷并不优越，贫苦不值得赞美，衣衫褴褛更不值得推荐；但并非所有的老板都是贪婪的、专横的，就像并非所有的穷人都是善良的。我衷心敬佩那些即使老板离开后仍像老板没有离开一样努力工作的人。当你交给他一封致加西亚的信时，他会默默地接受任务，不会问任何白痴问题，也不会费尽心机把任务推给离得最近的同事，而是竭尽全力把信送到。这样的人永远不会失业，也永远没有必要通过参加罢工去争得更优厚的薪水。

文明，就是热切地寻找这种人才的一段探索过程。

这样的人无论有什么样的愿望都能够达成。在每个城市、乡镇、小村，以及每个办公室、商店、工厂，都需要这样的人。这世界在大声疾呼：我们需要这样的人，非常需要——他就是能够把信送给加西亚的人。

谁将把信送给加西亚？

阿尔伯特 · 哈伯德

1899 年

# 四、我是如何把信送给加西亚的

让我们都能从这本著作中、从这种追求中获得或多或少的进取心，对我们国家、对我们自己而言都是如此，它让我们活得更加高贵。

——荷拉斯

“在哪儿呢？”美国总统麦金莱问情报局局长阿瑟·瓦格纳上校，“在哪儿呢，我可以找到一个能把信送给加西亚的人？”

回答是迅速的：“在华盛顿有一个年轻军官，他是一个中尉，名叫罗文，他将把您的信送到！”

“派他去！”这就是总统的命令。

当时美国和西班牙之间有一场迫在眉睫的战争。美国总统麦金莱急需相关的情报。他认识到：如果要取得胜利，美国军队必须与古巴的起义军协同作战。他知道至关重要的是：他必须了解在古巴岛上的西班牙部队有多少，他们的军备状况、士气，他们军官的脾性——特别是那些高级军官的脾性；他必须了解古巴每一个季节的道路状况，西班牙军队、古巴起义军及整个国家的医疗状况；他必须了解西班牙和起义军双方的装备情况，以及在美军集结期间古巴起义军想要阻击敌人时需要哪些援助；他也必须了解古巴的地形及许多其他的重要情报。

关于派谁去给加西亚送信这一问题，上校和总统是一致的，命令是毫不含糊的："派他去!"

大约在做出决定一个小时后，时值中午，瓦格纳上校通知我下午一点钟到海陆军俱乐部和他共进午餐。在我们就餐的过程中，这位以幽默著称的上校以这样的方式问我："下一班去牙买加的船什么时候开啊?"

我以为他在开玩笑，于是决定顺着他的意思来一个"桥段"。在想了大约一分钟后，我回过头来告诉他："一艘在阿特拉斯航线上的名叫'阿迪洛达克'的英国轮船明天中午将从纽约起航。"

"你能乘上这艘船吗?"上校打断我的话。

尽管这样，我还是以为他在开玩笑，于是顺口给了他一个肯定的回答。

"好，"上校说，"那你就做好准备登船吧!"

"年轻人，"他严肃地继续说下去，"你已经被总统选中去联系——更确切地说，送一封信给加西亚将军。他在古巴东部的某个地方。你的任务是，你必须安全地把情报如期送到，并把它作为今后工作的基础。这封信中有总统想了解的一系列问题。任何有可能暴露你身份的东西你都不能带。历史上已经发生过太多相关的悲剧了，我们再也不能冒险了。大陆军的内森·豪尔和美墨战争中的里奇中尉都是在送情报途中被抓捕的，他们不光牺牲了性命，而且情报中的军事计划也被泄露给了敌人。你的行动不能有失误，你决不能犯这样的错误。”

到了这个时候，我才完全意识到瓦格纳上校并不是在开玩笑。

“（找到加西亚将军的）方法会觅得的，”他继续说，“到牙买加搞一个新的身份，古巴联络处会安排你的事宜。而后所有的一切都只能指望你自己了，我没有任何具体的指示了。”上校接着说，“你有必要下午就去准备。军需官胡姆费里斯将军将送你到金斯敦港口。此后，如果美国向西班牙宣战，进一步的部署将依据你传回来的情报。不然的话，一切都无法实行。你必须自己计划和行动起来。这任务是你的，而且只是属于你的。你必须把信送给加西亚。你的火车将在午夜出发，再见并祝你好运！”

我和上校的手紧紧地握在一起。

当瓦格纳上校松开我的手时，还一再地重复：“一定要把信送给加西亚。”

在匆忙中，当我着手做着自己的准备的时候，我思考着自己的处境。我明白，我的责任的复杂性在于：战争还没有爆发，在我启程时，甚至当我到达牙买加也还没有爆发。错误的一步会导致不堪设想的局面。宣战反倒使我的任务简单化了，尽管危险并没有减少。

处于这样的状况，一个人的荣誉和生命均居于险境中，人们理应要求具体的指示。在军队服役，一个人的生命是属于国家的，但是他的荣誉却掌握在自己手里，它不能被任何力量剥夺，不能遭蔑视。但是，现在的情况我不能要求有写下来的具体指令，我唯一的想法就是：我负责带一封信给加西亚，并要从他那里得到一些重要的资讯，而我正要着手这样做。

我不知道瓦格纳上校是否把我们的谈话记录放在高级副官办公室的文档中。在这么紧急的日子，这不意味着什么。

我乘坐的火车在午夜十二点零一分离开华盛顿，我想起一个关于星期五出外旅行的古老的迷信。火车开车是在星期六，但我离开俱乐部却是在星期五。我相信命运决定让我在星期五出发。但我很快就摆脱了这种想法，因为还有另外的重要事情要我去想。虽然，这个念头在后来的某些时候也会冒出来，但它好像不意味着任何东西，因为我的使命已经完成了。

“阿迪洛达克”号轮船准时起航，一路没有特别的事发生。我尽量使自己孤立于别的乘客，旅程中只结识了一个乘客：一个电子工程师。他告诉了我一个有意思的信息：由于我不和他们打交道、不说关于自己所从事职业的任何讯息，这群开心鬼就给我取了一个绰号——“骗子”。

当船到达古巴海域后，我初次意识到危险的存在。我身上仅仅携带了一封美国政府写给牙买加官方的证明我身份的信。但是，如果战争在“阿迪洛达克”号轮船进入古巴海域前就爆发的话，船就很有可能会按照国际法被西班牙人搜查。作为非法入境人和非法传信者，我会被当作战争罪犯而被抓起来，带上西班牙轮船。而这艘英国船可能由于得不到必要的补给而沉没，尽管它挂着一面中立国的旗帜，来自和平国的港口，出发到另一个中立国的港口去。

考虑到问题的严重性，我把文件藏到头等舱的救生设备里，直到我看到轮船顺利地通过海岬末端，才大大地松了一口气。

第二天早上九点钟，我登陆了，成为牙买加的一个客人。我马上与古巴联络处的拉伊先生接触，我与他和他的助手一起计划如何将信尽快送给加西亚。

我是 4 月 8 日离开华盛顿的，4 月 20 日，我收到了一份电报：美国已经向西班牙发出了最后通牒，要它在 4 月23日前将古巴归还给古巴人民，并撤出它部署在古巴领土和领海的一切陆军和海军力量。我用密码电报发出了我到达的消息。在 4 月 23 日那一天，我收到了回电：“尽快见到加西亚将军。”

接到密电几分钟后，我来到古巴联络处的指挥部，那儿有人在等我。那里有一些流亡的古巴人，他们都是我从来没有见过的，当我们正在就一些一般话题进行交谈时，一辆马车驶了过来。

“时候到了！”车上的人用西班牙语喊道。

接着，没有更多的交谈，我被领上车，坐到车内的座位上。

就这样，我作为一个军人服役以来（不管是在规定职责中还是职责以外）最奇异的一段旅程开始了。我的马车夫被证明是一个沉默寡言之人，他一言不发，也完全不理睬我所对他说的一切。我刚一落座，他就马上以一种可怕的速度在迷宫一般的金斯敦大街上狂奔。一路飞奔，从未减速，不久，我们就穿过了郊区，将城市的居民区远远地抛在了后面。我敲敲马车，是的，我甚至是在踢，但是，马车夫似乎没有留意。

马车夫好像知道我要送一封信给加西亚，而他的职责就是尽可能快地完成我行程的“第一程”。这样，当我几次企图与他搭上话的努力失败后，我安心回到自己的位子上，决定任凭他把车驶到哪里。

大约过了六千米远，我们进入一片茂密的热带雨林，我们沿着宽阔平坦的西班牙乡镇公路行驶，最后，在一处丛林边停了下来。马车的门打开了，一张陌生的脸出现在我面前，我被邀请换上另一辆在此等候的马车。

这真是最奇怪的事了！这些行程显然是完全事先安排好的！没有一句不必要的话，连一秒钟也没有耽搁。

一分钟以后，我再次踏上了我的征途。

第二个马车夫，和第一个一样：是个“聋子”。他把自己隔绝在交谈之外，他只是专注于让他的马尽快地奔跑。接着，我们穿越一个西班牙小镇，沿着克伯利河谷进入岛的中央，那儿有一条路通向圣安妮湾的湛蓝的加勒比海海域。

马车夫仍然一言不发，尽管我费尽心机地想让他和我谈话，但没有声音，也没有迹象表明他能听懂我说的话。马车只是以一个速度在极好的大道上飞奔。随着地势的升高，空气越发清爽。当太阳落山时，我们到达一个火车站附近。

突然，一团东西从山上顺着斜坡一摇一晃地冲了下来，这是什么啊？难道是西班牙官方预计到我会来到而让牙买加政府来跟踪我的行迹？当这个幻影冲入我视野时，我真的很不自在。不过，我很快就放松下来——我看到是一个年老的黑皮肤的人一瘸一拐地走来，推开车门，递进来美味的炸鸡和两瓶巴斯牌啤酒。他向我说了很多土话，而我只能听懂那么几句，大意是向我表示敬意，因为我帮助古巴去争取自由，他还希望我知道他这么做只是为了略表他的心意。

但是我的马车夫没有加入这个仪式，对炸鸡及我和老人之间的谈话也没有任何兴趣。换上两匹新马后，马车夫用力抽打马儿，我们又上路了。我只来得及用喊声感谢老人：“再见，伯伯！”

在下一分钟里，我们已经离开了他，以极危险的速度消失在茫茫黑暗中。

尽管我充分认识到我肩负的使命所要求的严峻性和重要性，我还是被眼前迷人的热带风光所吸引。这里的夜晚景色和白天一样美丽，所不同的是，白天是一个植物王国，而黑夜则是引人注目的飞翔着的昆虫帝国。当夕阳已尽，黑夜完全来临以后，萤火虫闪烁着磷光，整个森林被它们奇异的美丽光芒所装点。当我穿过森林，看着如此壮观的萤火虫放射的炽热的光芒，觉得自己仿佛置身于一个仙境。

可是一想到自己将要去完成的任务，这么美丽的景色也暗淡下去了。我们继续向前，以马儿体力所能承受的极限速度前进着。突然，从林里响起了一声尖利的哨声。

我的马车停了下来。一伙人像是从地底下钻出来似的出现在我们面前。我发现我被一伙全副武装的人给包围了。我倒是不怕在英国辖区遭到一队西班牙士兵的拦截，但是，这突然的停车让我神经紧张。因为，牙买加当局的行动完全有可能使这次任务失败。如果牙买加当局事先得到消息，得知我违反了该岛的中立原则，是肯定不会允许我继续前行的。要是这些人是英国士兵怎么办啊？

还好，只是虚惊一场。在一番小声的交谈以后，我们又被放行了。

大约一个小时以后，我们的马车停在一幢灯光依稀的房屋前。晚餐在等着我们。联络处显然相信一顿大餐对我是很有助益的。

首先为我端上来的是一瓶牙买加朗姆酒。我一下子就忘记了我的疲劳，尽管我已经在大约九个小时内跑了七十千米的路程。我知道，这种时候朗姆酒是受欢迎的。

接下来是一番寒暄。从隔壁房间里走出来一个高大、瘦削而结实、一脸果敢的男人，他留着大胡子，一只手上少了一根拇指。这显然是一个有无穷精力的并在任何时间都值得信赖的汉子。从他可靠而忠诚的双眸中反射出一个高贵的灵魂。他是一个居住在古巴的西班牙半岛人，在智利首都圣地亚哥，他和一个老年的西班牙统治者争吵，因此失去了大拇指并遭到流放。他名叫格瓦西奥·萨比奥，被指派做我的向导，一起去寻找加西亚将军，直到把信交到他手里。另外还有一些人被雇来送我们离开牙买加——这段路还剩下七千米，走完后他们就算完成任务了。只有一个人例外——他就是格瓦西奥·萨比奥——我的助手或者勤务兵。

休息了大约一个小时以后，我们继续前进。离开那间屋子大约半个小时，又有人吹哨子，我们再度停了下来。下了车，我们进入一片甘蔗林，跌跌撞撞走了差不多两千米，终于来到一片毗邻可爱海湾的可可树丛。

大约在离海湾五十米的地方停泊着一艘轻轻荡漾着的小渔船。突然，小船上闪出了一丝亮光。这一定是联络信号，因为我们是悄无声息地抵达的。格瓦西奥显然对船内的人表现出的警觉感到满意，便作了回应。

接下来，我向联络处派来的人表示感谢。一个船员涉水过来，我爬上他的背，来到了船上。

至此，给加西亚送信之旅的第一程可以告一个段落了。

一上船，我就发现船舱里堆放着许多石块来做压舱物，长方形的捆状物则是货物。但这些并不足以保持小船航行的平稳。我们让格瓦西奥负责掌舵，船员则是两个人：我和另一位助手。船舱里都是货物和舱石，没有让你感觉舒适的足够空间。

我向格瓦西奥表示，我希望能够尽量迅速地走完余下的五千米路程，因为我不想和不友好的英国人产生什么麻烦。他回答说："船必须沿着海角划行，因为狭小的海湾风力不够，我们的航行无法进行。"我们很快就离开了海角，不管怎么说，我们幸运地遇上了小风，真正充满冲突的第二段旅程开始了。

无疑，当我们出海后，我的心里确实一度陷入焦虑之中。如果我在离开牙买加海域五千米的范围内被敌人抓住，我的名誉会毁于一旦。就是在这五千米，我的生命处在危险中。我唯一的朋友只是这些船员和加勒比海。

向北一百六十千米就是古巴海岸，配备着小口径火炮、机枪的西班牙巡逻艇经常在此出没，他们的船员都配着毛瑟枪。他们的武器远比我们放在船上的武器先进，这是我后来才了解到的。各种各样的武器堆在他们的船上，俯拾即是。如果我们与其中的任何一艘这样的巡逻艇遭遇，那我们就几乎没有幸存的希望。

我们的行动计划是：白天待在离古巴海域五千米的地方，直到黄昏时，我们再迅速潜行到某些友善的珊瑚礁后面，一直等到天明。这样，如果我们被抓住，由于我们没有带任何文件，即使可能沉船也不会被审问。装满巨石的船将很快沉没，敌人将不能从几具浮尸上得到任何证词。

现在已经是早晨，空气清冷怡人。在如此劳累的旅途中的我刚想寻机小睡一会儿，突然，格瓦西奥一声大喊，大家全都站了起来。原来，在不远处，可怕的西班牙巡逻艇正向我们直冲过来。

一声尖利的西班牙语的命令传来，船员们停止了航行。船头只留下船长格瓦西奥一人掌舵，他神态悠闲地靠在长舵柄上，让船头的方向和牙买加海岸保持水平。

“他也许会认为我是一个从牙买加来钓鱼的‘孤独的渔夫’，也就放我们过去了。”冷静的掌舵者如此分析道。

恰如所料。当巡逻艇靠近到最让人提心吊胆的距离时，那位鲁莽的年轻军官用西班牙语喊道：“钓到了什么没有？”

我的这位向导也用西班牙语回答道：“没有，这个早晨，这些可怜的鱼就是不上钩！”

如果这位海军候补少尉——不管他是什么军衔——聪明到能够想到其他的可能性，那么，他肯定可以抓住些什么，而真是这样的话，也许我今天就没有机会来写下这个故事了。当他离我们而去，并且离开了相当长一段距离后，格瓦西奥让大家重新升起船帆，并转过身来对我说：“如果先生已经累了想睡觉的话，那么现在可以放心睡了，因为，在我看来危险已经过去了。”

如果在接下来的六个小时中被什么事情打扰，我是不清楚的——因为我睡着了，事实上，除了炽热，什么也没有影响到我。

炽热的热带阳光几乎可以直接把我从石头垫子上晒醒，但还是古巴人弄醒我的。他们用他们颇感自豪的英语问候我：

“早安，罗文先生！”这太阳在整个一天都是壮丽的。牙买加全部是通红的，像一颗巨大的红宝石嵌在翡翠绿的托盘上。绿松石色的天空没有云朵，往南，岛屿的绿色斜坡被几块大面积的植被分割，我们可以很清楚地看到，淡色的甘蔗林与深色的巨大森林交替出现。这真是一幅美妙和壮观的图画啊！但是，往北看，天空是阴郁的。一块巨大的云层像尸布一样覆盖着古巴。我们焦急地看着它，但它丝毫没有消失的迹象。不过，风力却在这几个小时内更加猛烈了。我们正好可以借助风力。舵手格瓦西奥看来很高兴，一边和船员们开着玩笑，一边像一个喷气孔一样向外喷着烟。

下午四点钟左右，乌云散去，梅斯特拉——横贯这个岛屿的主要山脉——美丽而雄伟地沐浴在金碧辉煌的阳光中。这像是拉开窗帘看着一位画家在创作一幅无与伦比的画。在这里，颜色、形体、山脉、大地和大海，浑然一体，这里的景色在世界别处是找不到的——在海拔两千四百多米的山脉上，翠绿植物及它们巨大的“城垛”竟然绵延达数百千米！

但我只能短暂地陶醉在这美景中。格瓦西奥收帆减速的举动，打破了我对美的迷醉。对我的疑问（为何收帆减速），他是这样回答的：“我们比预料的离危险更近。我们已经接近战区的战艇了，远海或不是远海的战艇都可能出没。现在我们务必在外海航行，充分利用开阔水域带给我们的便利。试图与敌人靠得更近，冒被敌人发现的危险，只能是一种毫无必要的冒险。”

我们快速地检查了我们的武器库。我只带了一支史密斯·威森牌左轮手枪，因此，我又被配了一支威力强大的来福枪。我一旦需要就能拿它开火，但我怀疑我是否真的会用到它。我的船员、我的助手都配备了这种可畏的武器。领水员——他坐在他的位置上看管桅杆，也可以随手拿起身边的其他武器。我的履行使命之旅到了真正急迫而关键的时刻。直到目前为止，所有的事情还算容易和相对安全。现在，危险—巨大的危险开始迫近了。被捕就意味着死亡，我也不能将信送给加西亚了。

我们离岸边大约有四十千米，尽管它看上去好像近在咫尺。午夜时分，船帆被解开，船员们开始在荡漾的浅水中划桨。合适的滚轮给了我们很大的助力。我们在黑暗中把船抛锚在离岸边五十米的地方。我建议我们马上登陆，但格瓦西奥回答说："先生，我们现在面临陆地和水上的双向敌人，我们最好还是待在原地不动。如果敌人的巡逻艇想打探我们的消息，他们必然会登陆我们曾穿过的珊瑚礁，这个时候我们就可以登陆。当我们穿过昏暗的葡萄架，我们就可以去实施计划了。"

在大海和天空上聚集的热带的雾渐渐散开，我们可以看到大片的葡萄、红树林和灌木类树丛，它们差不多都长到了海边。要完全看清目标是不可能的，它似乎倾向于要给我们一个谜团。一会儿后，太阳光闪耀在艾尔·图基诺峰，这是古巴最高的山峰。刹那间，万象生变，晨雾散去，笼罩在山边低矮红树林中的黑暗消失了，击拍着海岸线的灰暗的海水也魔术般地变成一种可爱的绿色。黑暗战胜了光明。

船员们已经忙着往岸上搬运货物。我只是呆立着沉思，显得很茫然，因为我正想着一位曾看到过类似情景的诗人写下的诗句："黑夜的蜡烛已经熄灭，快乐的白昼从云雾茫茫的山顶上踮起了脚尖。"格瓦古奥这时轻声对我说："先生，这是艾尔·图基诺山峰。"

我伫立在那儿尽情啜饮美妙早晨的荣光，不禁心潮起伏。我仿佛看到了强大的"科隆号"（它由美洲的发现者哥伦布命名）的"水坟"，我想象着这么强大的军舰也只好接受它的命运：它已经在圣地亚哥之战中被我们的军舰击沉。

不过我的美梦马上就要做完了。船上的货物已经搬完，我被带到了岸上，小船被拖向一个小小的河口，被扣过来藏到了树林里。这个时候，一群衣衫褴褛的古巴人聚集到我们上岸的地方。他们从哪里来？又如何知道我们是自己人的？——这些对我来说都很困惑不解。有些人被告知了自己的工作，他们来就是做搬运工的。其中一些人有当过兵的印记——他们的身上还留有毛瑟枪子弹留下的疤痕。

我们登陆之处好像恰好是几条路交汇的地方，从那儿可以通向海岸，也可以进入灌木丛。向西行大约一千六百米，可以看到从植被中升起了几炷炊烟。我知道这种烟是从一个"盐沼"或是古巴难民熬盐用的大锅里冒出来的，这些难民从难以忍受的集中营里逃出来，躲在群山之中。

我的第二段行程就这样结束了。

过去我已经面临许多危险，而从现在开始，我的行程将面临更多危险。西班牙军队正在残酷地屠杀古巴人。韦勒——这个被称为“屠夫”的人正在领导着西班牙军队，他们屠杀携带武器的军人和从集中营中跑出的人，甚至连已经缴械的人他们也要杀死。我知道，找到加西亚之旅的余下的路程将更加危险。但我已经没有时间去想这些困难，我必须走我自己的路。

这里的地形比较简单，通往北方的地方有一片绵延一千多米的平坦土地，被丛林覆盖着。男人们忙于开路，古巴的路网像迷宫一样，也只有土生土长的古巴人才能轻松出入。炎热很快变得难以忍受，我开始嫉妒起我的同伴们，他们身上没有多余的衣物。

我们继续行军，眼前是大海和群山，浓密的树叶、曲曲折折的小路、满天满地的灼热的阳光。丛林被阳光晒成一个微型的地狱，尽管它看起来还是光鲜的。但是，当我们离开岸边来到靠近山脚的地方，丛林变得开阔了，植被也不再那么茂密。我们很快来到一片开阔地，在那儿我们找到了一些椰子树，椰子汁新鲜而又凉爽，凿开它的硬壳，我们感觉如饮琼浆。

尽管此地怡人，但却不是久留之地。在夜幕降临以前，我们还要行军几千米，翻越几个陡峭的山坡，进入另一片隐蔽的林间空地。很快，我们就将进入真正的热带雨林。这里的路相对好走，空气有对流，尽管察觉不到，倒也让人呼吸松弛，远处的空气更清新。

穿过森林就是波蒂洛至圣地亚哥的“皇家公路”。当我们接近路边时，我发现自己的同伴一个个消失在密林里，只剩下我和格瓦西奥在一起。我转过身想问他怎么了，却看到他将手指放在嘴唇上，意思是叫我不要出声；同时，示意我提起来福枪和左轮手枪，做好准备，而他自己也消失在丛林中。

我还没有来得及想明白他的奇怪命令的含义，就听到了“叮叮”的马蹄声、西班牙人的马刀的“喀喀”声，以及偶尔传来的一两句喝令声。

如果没有刚才的警戒，我们也许已经走上了公路，恰好与我们的敌人狭路相逢。

我把手指扣在来福枪的扳机上并拉开我手枪的枪栓，屏气等待接下来会发生什么事。每一个瞬间我都觉得会有枪声响起。但是，什么也没有发生，一个又一个同伴又回来了，格瓦西奥是最后一个。

“我们分散开来是为了一旦让他们发现了，就给他们制造错觉。我们隐藏在这么长的路边，一旦交起火来，敌人会以为是一队伏兵在袭击他们。这也将会是一场成功的战斗，”格瓦西奥面露惋惜之色，“但是，职责毕竟是第一位的，”这时他笑了一下说，“愉乐只能放到后面。”

在起义军经常出没的区域，人们有一个习惯，他们会点起火堆并用火灰烤熟土豆。火灰里一直烤着土豆，直到有一队饥饿的人马路过。我们在下午的时候遇到了一个这样的灰堆。烤熟的土豆传给了每一个队友，然后我们把灰堆埋掉，继续前进。

当我吃着香甜的土豆时，想起了独立战争时期的英雄马里恩和他的手下，他们在无食可吃的状态下继续战斗。一个念头在我心中闪起：像马里恩和他的部下可以一直战斗到胜利一样，古巴人民也可以做到。就像我们国家的先辈们一样，他们也被一种争取自由的渴望激励着。带着一种自豪，我想到我自己所担负的使命。这个使命可以通过找到加西亚将军帮助这些致力于自由事业的人民，同时，也可以有助于我们自己的军队打有准备之仗。

在这一天的行程快要结束时，我发现队伍中多了一些衣着陌生的人。

“他们是谁?”我问。

“他们是西班牙部队里的逃兵，先生。”格瓦西奥回答，“他们是从曼扎尼罗逃出来的，他们说他们是因为不堪忍受饥饿和军官虐待而逃跑的。”

逃兵有时候是有一点用处的，但在这个旷野中，我宁愿他们待在自己的营房里。谁能确定他们中不会有一个或多个人在什么时候跑出队伍，向西班牙部队报告“有一个美国人正穿行于古巴，明显地是在向加西亚将军的营地进发”？敌人不是正在竭力阻碍我的行动吗？所以我对格瓦西奥说：“必须仔细盘问这些人，在我们扎寨之时，决不能让他们离开营地!”

“是，先生!”他回答道。

为了确保我的任务没有丝毫闪失的可能，我下达了我的命令。后来发生的事证明我的担忧（即可能有一个或多个逃兵会离开这里向西班牙军官告密）是有道理的。尽管无法确认是否有人已经侦知我此行的目的，但是，我在这里的出现已经引起了两个事后被证明是间谍的人的严重怀疑，并差一点导致我被暗杀。这两个人决定晚上离开营房，穿过丛林向西班牙人报告：有一个“美国军官”正被护送着穿越古巴。

半夜，我被一个哨兵的喝问声惊醒。接下来是一声枪声。紧接着一个人影忽然出现在我的吊床前，就在我急忙闪开的时候，从对面又闪出一个人影，说时迟那时快，第一个人影被砍倒在地。他是被大砍刀砍倒的，从右肩骨一直砍到肺部。这个不幸的人在临死前供认：他已经和同伴商量好，如果他的同伴没能逃出营地，他就来杀死我，阻止我完成我所承担的任务。刚才，是哨兵开了枪，并把他的同伴打死了。

直到第二天，马和鞍具才搞到。在很长时间内，我们都无法行军。我对这种延迟相当恼火，但一点办法都没有。鞍具比马更难获取。我有点失去耐心，问格瓦西奥为什么我们不能在没有马鞍的情况下行军。

“加西亚将军正在围攻古巴中部的巴亚摩，先生，”他回答说，“我们还要走相当远的路才能到达他那里。”

这就是我们要寻找马鞍和马饰的原因。一个人看管着分给我的战马，他很快给我安上了马具。在四天的骑马行军中，我对我的向导的敬佩与日俱增。如果没有马鞍，对于我骑跨着的骨骼来说，不啻是一种优雅的折磨。不管怎么说，我要赞美我的坐骑，戴着鞍具，它被证明是精神抖擞的家伙，比美国平原上饲养的任何一匹骏马都要好得多。

离开了营地，我们沿着山脊继续前行了一段路程。一个人如果不熟悉这些迂回曲折的小路的话，必然会陷入绝望的境地。但是我们的向导就像已经走上一条公路干道一样熟悉那些弯弯曲曲的山道。

当我们刚刚离开了一个分水岭，正准备从东面的斜坡往下走时，我们接受了一群孩子和一个白发披肩的老人的祝福。队伍停了下来，老人家和格瓦西奥交谈了几句，然后在森林里响起了“万岁”的喊声，这是在祝福美国、祝福古巴和欢迎“美国特使”的到来。这真是一件令人感动的事。他们是如何知道我们正在赶来的？我一无所知。但是消息在丛林中传得很快，而且我的到来让那个老人和这一大群的孩子们感到更快活了。

终于到了亚拉，有一条河流沿山脚流经这里。我们晚上在那儿安营扎寨。我意识到我们又进入到一个危险的区域。这里建有许多战壕，用来保护峡谷，抵挡西班牙人从曼扎尼罗入侵。亚拉是古巴历史上一个伟大的名字，因为正是这个亚拉镇发出了 1868 年至 1878 年的“十年古巴独立战争”的第一声自由呼唤。他们把我的吊床挂在一个战壕的后面——实际上，它并不是一个真正的战壕，而只不过是齐胸高的石墙。我注意到一个士兵，是新补充进来的新兵，他一整个晚上都站在岗哨上放哨。

格瓦西奥试图让我的完成任务之旅不出现一丝一毫的差错。

第二天早晨，我们开始攀登梅斯特拉山的马刺般突出的北坡，这里是河的东岸。我们沿着风化的山脊前行。危险来自路经的那些低地。在这些地方，我们可能有遭伏击的危险，可能被枪击或被某些西班牙机动部队切断去路。

沿着溪流，这里开始出现起起伏伏的道路，溪流的两岸都十分陡峭。在我的一生中，我从未见过如此野蛮对待动物的情景：为了让可怜的马儿走下山谷的底部然后又再爬上来，马儿受到了难以置信的残酷鞭打。但是，这是没有办法的，送给加西亚的信是必须被递达的。战争期间，成千上万的人的自由尚处于危险中，马儿受点罪又算什么呢？我感到对不起这些牲畜，但我没有时间多愁善感。

当我一生的经历中最为艰难的骑行之旅在吉巴罗结束以后，我感到十分轻松。我们停在一座玉米地中央的小屋前，它就在森林的边缘。一块刚屠宰所获的牛肉正挂在屋檐下，厨师们正在露天劳作，为“美国特使”准备一顿美餐。我的到来已经被通报过了，我的这餐饭是由新鲜牛排和木薯面包搭配而成的。

刚吃完这顿丰盛的美餐，我忽然听到很大的声响，在森林的边缘传来人声和阵阵马蹄声。原来，里奥将军的下属卡斯蒂罗上校到了。他是代表里奥将军来欢迎我的，里奥将军会在明天上午赶来。他是一个训练有素的军官，说完话后，他一跃上了马鞍，用马刺怒踢坐骑，转身就走，就像来时一样，疾如闪电。他的迎接让我确信我在一个经验丰富的向导的带领下已经在行动中获得了进展。

第二天早上里奥将军到了，陪他前来的还有卡斯蒂罗上校，后者送了我一顶标有“古巴生产”标记的巴拿马帽。里奥将军被称为是“海岸将军”。他皮肤很黑，显然，他是一个印第安人和西班牙人的混血儿，他走路时步伐富有弹性，步履矫健。没有任何一支西班牙军队可以对他的活动区域进行突袭，任何时候他都防守严密。他的情报源和他的直觉能力都是不可思议的。把隐藏的家移来移去，并保持物资上的供应，不是一件小任务，但里奥将军做到了。可以想象，有关敌人行动的充足信息是必不可少的。西班牙军队的做法是：进入森林，进行扫荡，但由于猎物稀少，战果不大。而与此同时，里奥将军率领他的军队打游击战，他的武装力量不断地选好地点伏击西班牙军队，有时会给他们造成可怕的杀伤。

里奥将军增派了两百骑兵护送我。当我们列队前进的时候，我们已经呈现出一种强大的声势，任何人都可以看得很清楚。

我发现我们正以令人吃惊的熟练和快速被引导向前。我们再次进入了森林，置身于梅斯特拉山的常绿树林中。小路相对比较平坦，但必须穿过有陡坡的溪河。小路很窄，我们必须不断地移动在可恶的树干边，树干擦破了我们的皮肤，还阻碍、擦碰我们马背上的货物。可是，我们的向导仍然保持稳健的步履，实在让我惊叹。我的位置通常是在队伍的中间，但是，我想接近这位位置最前的“马人”（典出希腊神话，指一种人首马身的怪物）。当我们穿过又一条水路时，我骑马上前，就近去观察他。他是一个如煤一样黑的人，名叫迪奥尼斯托·洛佩兹，是古巴军队中的一名中尉。他善于在没有路的森林中当开路先锋，穿过盘根错节的植物，以尽可能快的速度骑行。他使用弯刀的熟练让人叹服。他开拓出了一条路让我们通过这个丛林。攀缘类植物的藤蔓在他稳健的或左或右的一挥下纷纷落地，窄密的空间一下子变得开阔。这个人似乎精力无穷。

4 月 30 日晚上，我们来到了巴亚莫河畔的瑞奥·布伊，这里离巴亚莫城还有大约三十千米。我们的吊床还没有展开，格瓦西奥就出现了，他容光焕发。他说道：

“他在这里，先生！加西亚将军就在巴亚莫。西班牙军队已经退缩到考托河一带，他们最后的防线在考托河边高地的内河码头！”

我是如此急于见到加西亚将军，以至于我提出要夜行，但经过开会讨论，这个提议没有获得通过。

1898 年 5 月 1 日，在我们的日历上是一个“德威日”（注：德威·乔治，1837 年至 1917 年任美国海军军官，以他1898年 5 月 1 日在美国与西班牙战争中取得的马尼拉湾的胜利而著称）。当我正在古巴的森林里睡大觉时，德威这个伟大的英雄穿过柯雷吉多尔岛上的炮火进入马尼拉港，摧毁了西班牙人的舰队。当我正向加西亚将军送信时，德威已经击沉了西班牙舰队，对菲律宾首都构成了威胁。

一清早，我们就出发了。从阶梯到阶梯，我们一直顺着斜坡下降，来到巴亚莫平原。这个伟大的蜿蜒曲折的国家，已经荒废了许多年，好像完全没有人类存在一样。坎达拉利亚残存的黑色的城堡废墟，就是一个西班牙式的战争的物证。我们从这里经过进入平原。我们骑马穿越一百多公里，荒野上几乎没有看到一个居民。要知道，这是一片自然赋予最多馈赠的人类居所之一啊，现在这座热带花园却蒙上了一层丧服！路旁的杂草是如此之高，我们的纵队可以隐于其间不被看到，烈日当头，酷热难当，我们在这样的情形下行进着，但是一想到我们的目的马上就要实现，我们所有的不适就都被抛在脑后了。要知道，我们的使命已经接近完成了！甚至于我们的那些筋疲力尽的马儿也仿佛在分享着我们的期待和热望。

在有往昔荣光的佩拉雷杰——这里的西班牙人曾被坎普斯将军的部队袭击，我们进入从曼扎尼罗至巴亚莫的皇家公路，一路上我们遇到许多衣衫褴褛却兴高采烈的人，他们正急匆匆地向城的方面奔去。他们叽叽喳喳的欢叫声，让我回忆起我们穿过丛林时一直在旁边尖声喊叫着的鹦鹉。他们正在返回他们曾被逐离的家园。

从佩拉雷杰到东河岸的巴拉莫城，骑行用不了多久。一度，这个城市有三万人口，但现在它只不过是一个两千人的小村庄。在巴拉莫河两岸，西班牙人建了许多碉堡。这些小要塞是我们进入城市附近首先看到的。我们一眼就可以看到它们的显著标志：那些旗帜及仍然袅袅上升的烟缕。当古巴人进入这个一度繁荣的丰饶大峡谷中的大城市时，他们马上着手把这些个碉堡付之一炬。

我们在河岸边列队，当格瓦西奥和洛佩兹与卫兵交谈过以后，我们继续前进。我们停在河流当中，以便让马儿饮水。我们准备养精蓄锐，以完成我们最后的进军——到达胡加河西古巴军队所控制的地区莫隆·特洛恰。

(这里，我引用一下当天的一张报纸的内容：“古巴将军说，罗文中尉的到来唤起了古巴全军的极大热情。他的到来没有引起任何注意，直到他快速骑马而来，像一个传奇的信使，后面跟着一直陪伴着他的古巴向导。”)

几分钟以后，我来到加西亚将军的驻地。

这漫长而充满惊险的折磨人的旅程结束了，它有过失败的可能，它有过和死神擦肩而过的险情，但一切都过去了。

我成功了。

当我来到加西亚将军的指挥部前，我看见古巴的国旗在门上倾斜的旗杆上懒洋洋地悬挂着。对于如何与这位如此受到信任的人在这样的情形下见面，我还是感到不知所措。我们列好队，一起下马，站在马的旁边。格瓦西奥认识将军，所以他先到门前，并得到了进门的许可。格瓦西奥很快就和加西亚将军一起出来了。将军诚挚地向我问好，并邀请我和我的助手进去。将军向我介绍他的部下，他们都穿着整洁的白色制服，身体一侧支着武器。将军向我解释刚才没有马上出来的原因，那是因为他有必要对格瓦西奥转交的古巴联络处出具的信任状进行审查。

幽默真是层出不穷。联络处在信中把我称作“密使”，但翻译却把这组词译成了“一个自信的人”。

早饭过后，我们马上着手正事。我向加西亚将军解释说，尽管我离开美国时携带了外交信函，但我的差使纯属军事任务。我们的总统和作战部渴望了解有关最新古巴东部军事形势的情报（两位军官已经被派到古巴中部和西部，但他们都没有到达他们的目的地）。美国迫不及待地想了解的情况包括：西班牙军队占领的区域、西班牙部队的兵力和装备状态、他们的指挥官特别是高级指挥官的个性、西班牙军队的士气、古巴的地理面貌——不管是整个国家还是各个区域的、交通状况——特别是各种路况。一句话，任何能够帮助美国将军组织一场战役的情报都需要。最后，但并非次要的是向加西亚将军提议：着手计划一场战斗，决定美国军队和古巴军队是合作还是分开作战。我还告诉他，我们的政府将很高兴能同样得到古巴军事力量方面的情报，在将军认为合适的限度内尽可能多地得到这方面的情报。如果将军认为我的想法和他的计划不相容，我可以和古巴军队一起战斗，以他认为合适的方式指派我。

加西亚将军思考了一会儿，然后和他的所有下属都退了出去，除了他的儿子加西亚上校，他让他留下来陪我。大约三点钟的时候，将军回来了，他说他已经决定派三位军官和我一起回美国。这三位军官都长年生活在古巴，训练有素，久经考验。他们都了解这个国家，完全有特别的能力回答我们将要提出的所有问题。即使我留在古巴几个月，我也未必可以搞出一个完备的报告。时间是一个重要的因素，美国政府得到这些信息越早对有关各方面来说就越好。

他进一步解释说，他的人马需要武器，特别是大炮，它可以用来摧毁碉堡。他非常缺乏军火弹药，各种口径的来福枪的混杂使用使得它们难于得到充足的弹药供应。他希望能够用美国的来福枪重新装备他的人马，使这个问题得到解决。

著名的克拉佐将军、赫尔南德兹上校及维塔医生——他是相对更有价值的，他了解岛上的疾病和热带的总体情况——此外还有两个水手，都熟稔北部海岸。这些人都将与我同行。如果美国决定给加西亚将军提供他所想要的军事装备，他们在运送物资的返回远征中一定能起到作用。

“我现在还可以为你做什么吗——唷，先生？”

我还有什么可问吗？

我已经在这九天的持续不断的跋涉中走过了各种类型和各种状况的地形。我真希望能够有机会看看附近有趣的环境。但我的回答就像将军的问题一样迅急，我只是简单地回答：“没有了，先生！”

为什么不呢？加西亚将军基于快速行动的概念和对时局的敏锐把握，不仅免除了我几个月的无效的辛劳，而且还给我的国家带去了关于这个岛国的实际情况的情报，这是古巴人自己拥有的信息，一点也不逊色于敌人所拥有的。

在接下来的两个小时里，我受到了非正式的接待。然后一个最后的宴会在五点钟举行，在临近结束时，我被告知，护送我的人已经在门口等我了。当我来到街上，我惊奇地发现我没有看见我先前的向导和同伴在队伍里。我问到了格瓦西奥，问了他和从牙买加一起来的其他小分队成员的情况。原来，格瓦西奥本是想和我一起走的，但加西亚将军有新的布置。在南部海岸的战斗还需要他，而我要从北部返回。我向将军表达了我对格瓦西奥和他的下属一路服务的感激之情，一并感谢从梅斯特拉山要塞加入的队伍。在一个真正的拉丁式拥抱之后，我告别他，骑上了马。当我们向北疾驶而去之时，响起了三次欢呼。

我终于把信送给了加西亚将军！

我给加西亚将军送信的行程中与许多危险相遇，与我回美国的旅程相比，也重要得多。这是一段穿越一个美丽国家的天真漫游。在这一段旅程中，没有太多的斗争，从牙买加到古巴的水域是令人愉快的，去古巴军队指挥官所在之地的路上我都得到了很好的保护和指引。但是，现在战争状态已经宣布了，西班牙人都很警觉。他们的士兵在海岸上巡逻，他们的船控制着海湾与小港，他们的城堡上竖立着大炮，正对着违反战争规定的任何口音可疑的人。无论从哪个角度判断，我都是他们眼中的间谍！一旦被发现，就意味着会被脸对着墙处死。海天怒吼让我认识到美好的航行并不是那么容易做到的。

但是，我们必须努力，而且我们必须成功，不然我的为使命而作的努力将无功可言。我最后的快乐建基于此，从大的方面而言，它可以为战争带来胜利。

我的同伴很理解我心中自然唤起的期望，所以在穿越古巴的路上就非常小心。向北，到达西班牙阵地的考托——伊尔内河码头，那是一个河口，停着几艘炮艇。然后，我们到了马那提的瓶子状港口，在港口的对面是一个很大的城堡，竖立着大炮，守卫着入口。

如果西班牙士兵知道了我们的存在，那可怎么办?！但也许正是因为我们的大胆拯救了我们。谁会警觉到像我们那样的一伙敌人会带着一个使命，居然选择在这么一个地方登陆?

我们所搭乘航行的船是一艘小船，容积只有三立方米。起航的时候，我们就用黄麻袋拼接起来作帆，饿了就吃定量的熟牛肉和水。在这样的小船上，我们航行着，航行了二百四十千米，来到拿骚岛的新普罗维登斯的北面。诸君想想看啊，我们就是在这么一片敌对的海域航行，那儿有快速的、装备极好的舰艇在巡航，而我们就在这么一艘船上！

可是俗话说得好，“形势所迫不得不为”。这可是我们实现我们预先分配的所有使命的唯一方法。

显然，我们马上明白这艘小船不足以容得下我们全部六个人，所以维塔医生只好带着护卫和马匹回到巴亚莫。同时，我们五个人就准备用那么一艘不大于单人小艇的小船躲过西班牙枪支的交叉射击，瞒过西班牙炮艇，而且我们只能用黄麻袋作帆起航！

正当我们确定要起航的时候，海上突然起了暴风雨。我们在海浪如此汹涌的时候下海去是不行的。但是，同样，在这里等着也是危险的。现在正好是满月，一旦阵风把乌云吹开，我们的行踪就有可能被敌人侦知。

但是命运女神与我们同在！

在晚上十一点钟，我们出发了。这艘只有五个人的船只安全下水。狂怒的云发了疯似的穿行在月亮之前，一会儿遮住我们，一会儿又把我们暴露在月光之下。就在这样的情况下，四个人奋力划桨，第五个人掌舵指引航程。我们没有看到我们经过的碉堡，这也可能是我们没有被发现的原因。但无须多联，如果西班牙人的大炮开火的话，我们一定会被击毁。我们已经料想到每一分钟都可能响起加农炮的声音和子弹的射击声。我们的小船就像一个鸡蛋壳一样在水中被抛掷着，许多时候船已经达到了快要倾覆的边缘。但是我们的水手知道我们的航程，我们的黄麻袋之帆立在桅杆上，不久，我们就“柳暗花明又一村”了。

在罕见的辛苦之后我感到十分疲劳，再说一波一波的海浪十分单调，我直直地就睡过去了。

但是不久，一股无边的大浪袭击了我们，几乎让我们的船上灌满了水，差一点儿使我们的船倾覆。此时此刻谁也不可能再睡觉了。

于是整夜就是舀水、舀水、舀水。被咸咸的海水浸泡，疲惫至极，当我们看到一线阳光从阴霾的地平线射出的时候，真是非常高兴。

“快看！一艘蒸汽船！”舵手喊道。

一种惊慌感抓攫住每一个人的心。难道这是一艘西班牙战舰吗？如果是这样的话，现在我们只来得及作临终忏悔了。

“蒸汽船！蒸汽船！唉呀！一个蒸汽船队！”舵手用西班牙语喊着，我的同伴们也像回声一样和他一起喊。

这是西班牙人的舰队吗?

但这不是西班牙人的舰队，它是桑普松上将的战舰群，它们正向东航行，准备去袭击波多黎各首都圣胡安。

我们的呼吸变得轻快了。

整个一天我们在曝晒和舀水、舀水和曝晒中度过。没有人能够睡觉或松懈下来。尽管美国战舰上的大炮可以减轻我们的警惕性，我们不担心他们会来袭击或者抓捕我们。夜幕降临，我们五个人感到了一生从未有过的困乏。我们几乎被疲劳击碎了，但对我们而言，我们还是不能在那儿休息。随着夜晚的降临，风又起了，随着风起，浪又开始大了起来。我们只好又是舀水、舀水、舀水，以使小船还能浮起来。

直到第二天早晨，那是 5 月 7 日十点钟，我们绷紧的神经才松弛下来。我们来到了巴哈马群岛安德罗斯岛南端的一个名叫克里·凯斯的地方。我们很高兴能在那儿停泊稍事休息。

那天下午，我们全面检查了一艘用海绵擦坏的纵帆船，这艘船上还有十三个船员，他们说一些古怪的、我们听不明白的话，但是，手语是通用的，不久，我们就达成了一个交易。

我们用一些猪肉食品和一架手风琴换下了纵帆船。我这辈子再也不想听到手风琴的声音了——因为，当我极度疲倦的时候，那乐器发出的尖厉的音符使我不能入睡。

第二天下午，当我们转向新普罗维登斯岛的最东部时，我们被检疫官员给扣押了起来。我们被关在豪格岛上。有关古巴黄热病的传说给了他们羁留我们的口实。

但是第二天我们给美国总领事麦克莱恩先生传去了口信。5月10日，在他的安排下，我们获释了。5月11日，这艘纵帆船被大胆地拉到了码头，我们又上船航行了。

当我们航行到佛罗里达群岛的岛链和暗礁链后面时，我们发现运气并不在我们这儿。风弱了下来，12日一整天都没有风。但晚上，起了风。到了5月13日的早晨，我们才到达佛罗里达岛链的西海岸。

当天晚上我们搭上一列火车赶到坦帕，从那儿我们上了一辆去华盛顿的火车。

我们终于在预定的日期到达。我向战争统帅部秘书罗塞尔·阿尔格报告，他知道我的故事并告诉我带上加西亚将军的助手再向迈尔斯将军报告。在收到了我的报告后，迈尔斯将军给统帅部写了一封信："我还推荐美国十九步兵团一等中尉安德雷·罗文作为中校带领一支团队。罗文中尉进行了一次穿越古巴之旅，与起义军领袖加西亚中将联系，并带回了对政府来说重要的和有价值的信息。这是一项极有风险的任务。按照我的判断，罗文中尉扮演了一个英勇的、冷静大胆的角色，这在战争编年史上是罕见而杰出的。"

在我返回的第二天，我在迈尔斯将军的陪同下，参加了内阁会议。在会议结束时，我收到了麦金莱总统的贺信，那是因为——我已经把他的意愿转告给了加西亚将军，以及我已经在这次使命中体现出了价值。

这是我第一次意识到我已经完成了比单纯的职责更多的任

务。一个军人的天职是：不要去问为什么，只是去服从上级的命令。

我已经把信送给了加西亚将军。

安德鲁·萨默斯·罗文上校

# 五、加西亚将军的回信

尊敬的麦金莱总统：

……（出于保守军事机密的需要，以上内容我们予以省略。——原出版者注）

下面我想谈谈我对安德鲁·罗文中尉的一些看法。

在我为将西班牙军队赶入考托而欣喜若狂时，我听说一位年轻的美国中尉在我们古巴向导的引领下来到我的营地，给我带来了总统阁下的书信。我为这位军官的到来而震惊，我为这位军官的勇敢而自豪。我无法想象这个年轻人是如何穿越重重危机，完成这项崇高使命的。您可以想象得到，在他所经过的地方，到处都是西班牙的军队——军舰、骑兵、巡逻兵、间谍等，他们无时无刻不对罗文中尉的生命安全构成威胁。令人吃惊的是，我们勇敢的罗文中尉克服了重重困难，他来到了古巴，他的到来在古巴军队中引起了巨大的轰动。

当我亲眼见到这个年轻人的时候，我相信了，相信总统阁下和瓦格纳上校的眼光，因为罗文中尉身上所表现出来的勇敢、冷静和忠诚让我感觉到他正是送信的最佳人选，我为总统阁下有这样的勇士而向您表示祝贺。

我非常欣赏这个年轻人，他正是我们所需要的人。罗文中尉是一个正直、忠诚、机智和敢于牺牲的人。总统阁下，我相信您和我有同样的看法：无论是现在的战争时期，还是未来的和平年代，我们都需要罗文中尉这样的人。因为只有这样的人才会义无反顾同时又能自动自发地投身于神圣的事业中，成为国家的栋梁。

值得注意的是，在我们的军队中却还存在着一些拖拉懒散的人，他们对待事业的一贯态度是漠不关心和懒懒散散的。他们习惯于把自己的事业当作别人的事情，若不是还有人监督，恐怕他们早就把事情做得一塌糊涂了。这样的人存在于军队中是一件很危险的事情，因为他们的每一次被动和疏忽都有可能断送我们的军队，断送我们的事业。

现在古巴和美国正处于非常时期，因此我们每个人都需要罗文中尉的这种崇高精神：对于上级交代的任务，能够立即采取行动，不折不扣地执行。这种自动自发与忠诚——我再一次强调罗文中尉的自动自发与忠诚——正是我们迫切需要的。

总统阁下，我要再一次对您说，我非常欣赏这个年轻人。抛开军事与政治，单从个人感情来说，我要感谢您，感谢您将这个年轻人派到我面前，让我有幸见识到一个真正的战士。我要古巴军队的每一个战士都学习罗文中尉的精神，我要让所有的古巴人民都知道，给加西亚送信的那个年轻人，他的精神，他身上所表现出来的优秀品质，无论是现在还是以后，都是值得我们学习与标榜的。

卡利斯托·加西亚

1898 年 5 月

# 六、 美国总统的公开信

女士们、先生们：

今天，我要对一位年轻的陆军中尉提出嘉奖，他就是安德鲁·罗文中尉。罗文中尉是一位极其勇敢的军人，这样的军人自然谁都喜欢。然而，我喜欢罗文中尉，不仅是因为他的勇敢，更重要的是他的敬业和忠诚。他的忠于职守、他的诚信为我们的国家赢得了崇高的荣誉。毫不夸张地说，罗文中尉是一个非常合格的信使！

是的，他的确是一个合格的信使，他在明知前面危险重重，甚至有生命危险的情况下，依然接受任务，将一封关乎国家命运的书信送到居无定所的加西亚将军手中。更难能可贵的是，他还历尽艰险带回了加西亚将军的回信。罗文中尉在这次战争中起到了极其重要的作用，他的出色表现是军事史上最具冒险性，也是最勇敢、最值得称赞的行为。罗文中尉是一个为了国家利益而不惜牺牲个人一切乃至生命的战士，他的所作所为是我们每一个公民特别是年轻人学习的榜样。

不容置疑的是，在如今的时代里有许多人对自己所从事的职业满怀怨恨，他们总是抱怨自己受到这样或者那样的不公平的待遇。不管是军队、政府还是企业，总会有那么一些懈怠、怯懦的人，他们对上司吹毛求疵，对工作消极懈怠，我想提醒这些先生女士们，你们应该从罗文中尉身上多多学习。

女士们、先生们，我希望你们，不，应该是我们大家，要以罗文中尉为榜样，充分发挥自己的聪明才智，以坚韧的精神和无畏的勇气克服重重困难，以忠诚和自动自发的道德品质去完成你们的使命，那么我相信，你们也会变成另外一个罗文——一个合格的信使！

女士们、先生们，罗文是美国人民的骄傲，我相信，你们也会成为美国的骄傲的！

威廉·麦金莱

# 七、一本可怕的书

一百年前，著名的出版家阿尔伯特·哈伯德写下了他那篇风靡全球的文章——《把信送给加西亚》。

哈伯德作为《腓力斯人》的出版人正在为三月份的杂志进行准备，当时杂志社刊登了一些能够促进懒惰的人变得勤奋、变得积极向上的文章，但哈伯德当时并未想到罗文中尉，文章的灵感来自于哈伯德与家人一起喝茶时一次小小的争论。当时，大家都认为美西战争的英雄是古巴起义军首领加西亚将军，但哈伯德的儿子却提出，真正的英雄是罗文，正是他把信送给了加西亚。哈伯德马上意识到孩子是正确的！于是立即放下茶杯，仅用一个小时就写出了《把信送给加西亚》一文，然后想都没想就把它刊登在《腓力斯人》杂志上。

事实上，《把信送给加西亚》只是一篇仅有二十四个段落的文章，封面和装订都很简单。

《把信送给加西亚》首次出版是在 1899 年，叙述了勇猛无畏的中尉安德鲁·萨默斯·罗文在 1898 年进入古巴的经过。美国很快将向西班牙宣战，麦金莱总统派遣罗文去寻找加西亚将军，他是古巴反对西班牙控制的起义军领袖。

没有问怎样去，在哪儿能找到加西亚，罗文接过信就出发了。他找到了加西亚，并返回华盛顿，向麦金莱总统汇报了起义军的力量和位置，以及西班牙军队的情况。在开战前夕，这些情报是至关重要的。

报纸热烈赞扬他顺利完成了这项简直难以完成的艰巨任务，于是，罗文一下子出了名。

故事的简单并没有影响它的畅销，刊登这篇文章的《腓力斯人》杂志很快脱销，以后的日子，这篇文章更是得到企业、军事、政治等各界人士的青睐。

对于管理者来说，《把信送给加西亚》能够给自己的团队一些重要的启示。从内容上来看，这是一本劝告员工如何敬业和勤奋工作的书籍，哈伯德强调主动完成任务，切中了企业生存和发展的命脉，因而首先得到企业管理层的认可和重视。然而一个世纪以来，它又在更为广泛的领域被人们所应用。

长期以来，美国西点军校和海军学院的学生都要上一门关于自立和主动性的课。教材就是这本题名为《把信送给加西亚》的小册子，其精神影响了一代又一代的学员。

在政界，这本书也成为培养公务员敬业精神的必读书。布什家族成员都深受其影响。布什就曾在这本小硬皮书里签名，把它赠送给了自己的助手。

2000年6月21日，《圣彼得堡时报》刊登了一篇报道，讲述了布什家族和这本书的不解之缘。当年布什在上任州长的第一天，就将这本书签名后送给了他的助手。“它静悄悄地放在弗兰克·布隆恩办公室的一张桌子上，布什在上面写了一句话：‘你是一个送信者。’”后来，布隆恩真的成了布什政府最得力的助手之一。“几个月来，政府办公室的每一个工作人员都被要求阅读这本书，并且要在一张特定的纸上签上自己的名字。”

布什说：“我将这本书送给了办公室里的每一个人，我正在寻找那些能够‘把信送给加西亚’的人，并邀请他成为我们团队中的一员。正是这些无须他人监督就能主动完成任务的人改变了整个世界。”

布什在得克萨斯州竞选总统时，将此书送给了他二十四岁的儿子乔治·布里斯科特·布什。布什说，这是他给儿子上的最重要的一课。

布什的新闻部长贾斯廷·赛非也说：“新闻机构里的每个人都应该阅读这篇文章。这是一个很好的指导原则，我通常就用这个原则：完成任务时，不要陷进障碍的泥沼里去。要独立自主完成任务。所有的高级官员都应该阅读这篇文章。”

那么，杰布·布什又是如何读到《把信送给加西亚》这本书的呢？这与赖特有关。作为一名奥兰多的律师，赖特长期效力于布什及其前总统的父亲。赖特于 1998 年布什竞选总统时向他推荐了这本书。

赖特在自己的文章中这样写道："我从来都不允许抱怨。我的人生准则就是：你拥有了一份工作，你就得为这份工作全力以赴。"赖特准确地回忆了当时自己给布什推荐这本书时的对话：

我把这本书给杰布，杰布说："我不会对这些新世纪的东西感兴趣。"

我就对他说："杰布，读读这本书吧，它只需要花费你喝一杯咖啡的时间，虽然它的历史很悠久，但我向你保证，它永远不过时。"

当我再次遇见他的时候，他已经把那本书读完。他的反应如我们预料的那样："这本书太可怕了，它把一切都说透了！"

威廉·亚德利

# 八、你能把信送给加西亚吗

一百多年前，有人写了一篇简短的文章，其本意是为将要出版的一本杂志补缺。这篇文章讲的是美国军队里一名中尉的故事，表面看来并不起眼，但它却成了出版界有史以来发行量最大的作品之一。《把信送给加西亚》已被译成世界上所有主要的语言，发行逾一亿册。这篇文章有何意义，为何在世界范围内引起如此大的反响？

1899 年，一个名叫阿尔伯特·哈伯德的人为一本名叫《腓力斯人》的杂志写了一篇评论。喝茶的时候，哈伯德和他的家人讨论起了美西战争。当时，大家都认为美西战争的英雄是古巴起义军首领加西亚将军，但哈伯德的儿子却提出，真正的英雄是罗文，正是他把信送给了加西亚。哈伯德马上意识到孩子是正确的！于是立即放下茶杯，仅用一个小时就写出了《把信送给加西亚》一文，然后想都没想就把它刊登在了《腓力斯人》杂志上。

杂志出版后，销量出奇得好，要求重印的订单一个接一个传了过来。

看着这些无法抵挡的订单，哈伯德感到迷惑不解。他在想，人们为什么会对这本杂志情有独钟呢？得到的答案令他惊讶不已：人们为的是那篇“凑数”的文章。十万份的订单，五十万份的订单，一百万份的订单。最后，哈伯德不得不给予那些需要大量份数的人印刷发行的版权，因为他的印刷能力承受不了。

为什么有这么多的人对一个名叫安德鲁·萨默斯·罗文的默默无闻的人如此感兴趣呢？原因就是：每个人都在寻找像罗文这样独特的人。

1895 年，古巴人民正在为摆脱西班牙统治、争取民主独立而斗争。古巴岛上的西班牙士兵残酷压迫和奴役着那里的人民，古巴人民非常渴望自由。美国人对古巴有着极大的兴趣，不仅因为两国是邻国，还因为那里有美国人的投资。1897 年，在哈瓦那大街上发生的古巴民族主义者与西班牙士兵之间的暴力冲突，引发了大规模的骚乱，致使古巴境内的形势急剧恶化。

麦金莱总统派遣了一艘“玛恩”号军舰作为美国存在的标志。军舰驻扎在哈瓦那海湾，鲜明地向西班牙表示美国政府会尽力保护美国在古巴的利益。“玛恩”号军舰主要是发挥着威吓的作用，并没有想真正采取对西班牙的军事行动。

但在 1898 年 2 月 15 日，一声爆炸震撼了哈瓦那港口，“玛恩”号军舰竟被西班牙军队击沉！这次公然的挑衅竟发生在距美国海域不到一百六十千米的地方，美国人民震惊了。麦金莱总统向西班牙政府发出最后通牒，要求其撤出古巴。4 月，美国正式对西班牙宣战。最后的结果是：美西之战不但解放了古巴，也解放了菲律宾诸岛。

对西班牙宣战前夕，麦金莱总统会见了美国情报局局长阿瑟·瓦格纳陆军上校。麦金莱总统问瓦格纳上校：“在哪儿能找到一个可以帮我把信送给加西亚的人？”古巴起义军与美国的合作是这次战役成功的关键，因此，快速和起义军领袖克里克托·加西亚将军——一个土生土长的古巴克利奥尔人取得联系就显得至关重要。那时候加西亚将军正在古巴丛林里带领自己的起义队伍为争取独立自主和敌人作战。他是西班牙军队正在缉捕的人，没有人知道他具体在什么地方。

面对总统的问题，瓦格纳局长毫不犹豫地回答：“有一个人选，就是罗文中尉。如果有一个人能够把信送给加西亚，那么这个人一定是罗文中尉。”

一个小时之后，瓦格纳上校站在罗文中尉面前对他说：“年轻人，你现在必须送一封信给加西亚将军，他可能在古巴东部的某个地方……你必须自己计划和安排自己的行动，这个任务只能靠你自己去完成。”然后，瓦格纳上校一边和罗文握手，一边重复着说：“一定要把信送给加西亚将军。”罗文接过信没说一句话就开始了寻找加西亚的旅途。

罗文没有问“他在哪儿？他长得什么样？他经常同谁联系？

我怎么去那儿”，而是接受命令后就开始执行任务。他把信送到了加西亚手中，麦金莱总统也得到了加西亚的回复。我们之中有罗文那样的人吗？有人会像他那样在接受上级命令后不多问一句就去完成任务吗？有人会不用雇主从头到尾督促就能主动完成任务吗？如果没有这种人，雇主或许只好事必躬亲了。

我在哪里可以找到这样的人呢？我可以找到一个罗文吗？有能把信带给加西亚的人吗？他们就在外面，只不过少之又少而已。

现在可能有一些罗文正在读这篇文章。他们将会成为非常优秀的人物。“非常”意味着超越平常。他们不仅仅会做别人要求他们做的，而且会超越一般人的想象，追求完美。

以下文字摘录于一百多年前阿尔伯特·哈伯德写的文章，但听起来却像是写于今日：

此刻你正坐在办公室里——有六名职员在等待安排任务。你将其中一位叫过来，吩咐他说：“请帮我查一查百科全书，就克里吉奥的生平事迹做成一篇摘要。”该职员会静静地回答：“好的，先生。”然后立即去执行吗？

我敢打赌，他绝对不会。他会用鱼一样的可疑的眼睛盯着你，提出一个或数个如下的问题：

他是谁呀？

哪套百科全书？

百科全书放在哪儿？

这属于我的工作职责范围吗？

你说的是不是俾斯麦？

为什么不叫查理去做呢？

他死了吗？

这件事是否紧急？

我能不能把书拿给你，你自己去查？

你想了解的是什么？

……

一百多年以来，人们并没有多少变化，不是吗？每当我交给别人一项任务时，他们总会问我一大堆问题，于是，我会立刻对自己说："这个可怜的人无法把信送给加西亚。"

能够把信送给加西亚的人十分稀少。因为大多数人满足于平庸，对此我难以理解，甚至可以说是无法理解人们为什么会安于平庸。成功是因为你一定要成功；走向成功是因为你选择了不让生活选择你的选择。每个人都要自己选择自己的路。你可以选择一种得过且过的生活，当然你也可以选择一种追求完美的生活。

这让我想起了《圣经·马可福音》中的一个故事。耶稣和他的门徒经过长途跋涉，又累又饿。耶稣走到一棵美丽的无花果树跟前，但树上没结任何果子，耶稣因此诅咒了那棵树。第二天，当他们再次经过那棵树旁时，一个门徒发现它已经枯死。

近来再读这故事时，我注意到了以往数次阅读所忽略的东西：《圣经》说树上没果子，是因为当时不是无花果树结果的时节。我自然要问："上帝，您对这棵树的审判岂非过于严酷了？

任何一棵无花果树在那时都不会有果子的。”

就在当夜的凌晨两点，我从床上坐了起来，因为上帝对我说话了。他说：“如果你所做的一切都会自然而然地来临，那么人们就不会记起你了。”

上帝不希望我们只做那些与生俱来的事情，不要只做那些舒适与方便的事情。对于我们来说，顺其自然是平庸无奇的。平庸是你我的最后一条路。耶稣以那棵小树为例告诉我们应该怎样去做。他希望那棵树不但要多产而且要终年结果实。为什么可以选择更好时我们总是选择平庸呢？如果你恨不得在一年之外再多出几天，那为什么不好好利用这三百六十五天呢？为什么我们只能做别人正在做的事情？为什么我们不可以超越平庸？

如果一个人顺其自然的话，他就不可能赢得奥林匹克竞赛。把金牌拿回家的运动员必须是超越已有纪录的人。我厌倦了平庸。我的感觉和哈伯德说如下这些话时的感觉如出一辙：

最近，我们经常听到许多人对那些“在苦力工厂受压迫”和“寻找雇用机会的无家可归”的人的感情脆弱的同情，同时他们还对那些雇主提出严厉的指责。但是，从没有人提到那些未老先衰的雇主们的智力工作，他力图让那些懒虫能够做得好一些，但是他长期的、耐心的“帮助”都是无用功，只要他一转身，那些人又开始闲荡起来。

……

不知我的话是否太离谱了？但是，即使世界即将变成一座贫民窟，我也仍然要为成功者说几句公道话……

我衷心敬佩那些在老板已经离开后还在努力干活的人，就像老板在场一样。当你交给他一封致加西亚的信时，他会默默地接受任务，不会问任何愚蠢的问题，也不会千方百计地把它推给最近的同伴，而是全力以赴地把信送到。这种人永远不会被解雇，也永远不必为了要求加薪而罢工。

文明，就是孜孜不倦地寻找这种人才的一段长久过程。

这种人无论有什么样的愿望都能够实现。在每个城市、村庄、乡镇，以及每个办公室、商店、工厂，他们都会受到欢迎。世界上急需这种人，这种能够把信送给加西亚的人。

谁将把信送给加西亚?!

永远都不要说别人对你的期望超过了你对自己的期望。如果别人在你所做的工作中找到了失误，那么你就不是优秀的，你也无须寻找借口。承认你没能做到最好吧。不要挺身而出，试图为自己辩护。当我们可以选择优秀的时候，为什么要满足于平庸呢？我厌倦了听人们说更高地要求自己不是他的天性。他们可能会说：“我的个性和你的不同，我没有你那么敢作敢为。这不是我的天性。”

我要告诉他们的就是“改变自己吧”！真的，其实就差一个决心，现在就下决心改变自己吧！《圣经》对“卓越”这个主题早就有深入的探讨了，《马太福音》讲述了这样一个故事。

一个人要到国外去，就叫了仆人来，把他的家业交给他们，按照各人的才干，给他们银子，一个给了五千，一个给了两千，一个给了一千，然后他就去国外了。领五千的随即拿去做买卖，另外赚了五千；那领两千的也照样另赚了两千；但那领一千的去掘开地，把主人的银子埋了起来。过了许久，主人回来了，和他们算账。那领五千银子的又带着另外的五千来，说："主啊，你交给我五千银子，请看，我又赚了五千。"主人说："好，你这又善良又忠心的仆人，你在一些事上有忠心，我要把许多事派你来管理，可以进来享受你主人的快乐。"那领两千的也来了，说："主啊，你交给我两千银子，请看，我又赚了两千。"主人说："好，你这又善良又忠心的仆人，你在一些事上有忠心，我要把许多事派你来管理，可以进来享受你主人的快乐。"那领一千的也来了，说："主啊，我知道你是贪心的人，没有种的地方要收割，没有散的地方要聚敛。我就害怕，去把你的一千银子埋在地里。请看，你原来的银子在这里。"主人回答说："你这又恶又懒的仆人，你既知道我没有种的地方要收割，没有散的地方要聚敛，就应当把我的银子放给兑换银钱的人，到我回来的时候，可以连本带利收回。夺过他这一千来，给那有一万的。因为凡是有的，还要加给他，使他富足；但凡没有的，连他所有的，也要夺去。把这无用的仆人丢在外面黑夜里，在那里必要哀哭切齿了。"

这个可怜的仆人认为自己没丢失主人给的一个钱，主人就会赞赏他。因为在他看来，尽管没有使钱增值，但也没有使钱丢失，就算完成任务了。然而他的主人却并不这么认为，他希望他的仆人能够优秀一些，而不是仅仅顺其自然。他想让他们拒绝平庸，追求卓越。其中有两个仆人做到了——他们使他们的钱增值了，而那个愚蠢的仆人得过且过，没有任何作为。

我一生中遇到过许多抱以下态度的人：如果我必须做什么事情，请只让我做我刚刚能胜任的，我做任何事情都没有想过要把它做得十全十美。

沃纳·冯·布劳恩，美国国家航空宇航局的空间研究开发项目的主设计师，也是阿波罗四号计划的主设计师。他说这项计划与萨杜恩五号火箭有密切的关系，因为在这项任务中萨杜恩五号火箭是用来推动宇宙飞船的。萨杜恩五号火箭有五百六十万个部分组成，即使我们有99％的精确性，那仍然还有五千六百个有缺点的部分。然而阿波罗四号计划做了一次示范飞行后只发现有两个反常情况发生，这证明精确性为99.999％。如果一部由一万三千个部件组成的汽车有同样的可靠性的话，那么它第一次发生故障将会是在十年以后。为什么我们的汽车没有萨杜恩五号火箭那样的精确性呢？因为美国国家航空宇航局把他们放在了一个比汽车工业更高的标准之上。我们应该去效仿美国国家航空宇航局。为我们自己去定一个高于其他人的标准。

我想让你扪心自问：我能给加西亚送信吗？如果告诉我他藏身在古巴丛林的某处，我能把信送给他吗？如果我不知道他长相如何，或不知道去何处找他，我能完成这项任务吗？如果你决意要成功，你一定能找到办法；如果你的心里只想着成功，你一定能成功。

我们现在都变成了借口专家，总是为为什么我们不能做我们决心去做的事情找借口。我们为什么就不能接过一份工作，把它完成得尽善尽美呢？人们总是告诉我各种各样不能完成应该完成的工作的借口。

可能一些事会拖累我们，甚至可能会使我们陷入泥沼当中，甚至淹死在其中。但是，为了完成任务，我们不得不去坚持。即使有强烈的被压制感，我们也不会辞职，不会放弃。我们会完成为我们设置的任务，会在生活的每一部分寻求完美。即使跌倒，也要重新爬起来。我们会剖析自我，给自己加压，直到成功！

如果有人让我给加西亚送信，我想我能够做到。这并不是自大，这是自信。我只知道如果你交给我一封信并且说“把它送给加西亚”，我就一定会送到。同样，你也能够把信送给加西亚。做到最好！如果有人告诉你，你这一辈子都不会成功，你千万不要相信这些谎言。别人告诉你的一些消极事件根本就无关紧要。

要下定决心！成功等于1%的灵感加上99%的汗水。只要你付出努力，你就能成功。你愿意下定决心出色地完成任务吗？“把信送给加西亚”，你准备好了吗？

我在办公室的墙上安了一块金属饰板，上面刻着这样的话：

卓越就是比别人更为执着；

卓越就是比别人更敢于冒险；

卓越就是比别人更富于梦想；

卓越就是比别人有更高的期望！

这就是通往卓越之路！

选择卓越的一生吧！追求这个目标，梦想这个梦想。你能做到的。把信送给加西亚！

马克·戈尔曼

# 九、 现在，加西亚不曾收到给他的信

当美国和西班牙的战争在 1898 年爆发，各式各样的游击队伍都在古巴骚扰西班牙人。其中的一支就是由加西亚将军领导的。美国总统威廉·麦金莱给他写了一封信，希望能获得他的支持和配合，以便实行美国计划中的侵入。

总统问美军情报部门的头领，谁可以去送这封信？没有人了解群山中的游击队的情况，没有人知道加西亚在哪儿。瓦格纳上校想到了罗文中尉，决定派他去送这封信。麦金莱总统把信交给罗文，并让他送给加西亚。

罗文说：“遵命，先生。”然后当天就离开华盛顿，用防水布包好他的箱子。他通过小船用了三晚秘密到达古巴，通过与富有同情心的当地人的接触，穿过丛林的腹地，找到加西亚，把信交给了他。然后，罗文从另一海岸潜出，在三个星期后返回华盛顿。

在美国与西班牙交战之后，一些文件简要地提到了这一事件。1899年华盛顿总统的生日那天，阿尔伯特·哈伯德与他的儿子共进晚餐，哈伯德是一个奇怪的、才思敏捷的可爱家伙，已经四十三岁了，有一点儿波希米亚情结。他没有受过足够多的教育，但他随意地阅读。他像一个售货员一样，而且手头上有几本已经被仁慈地遗忘了的小说。他遇到了威廉·莫里斯，从他那儿得到了灵感，他建立了位于纽约的布法罗附近的罗依克罗斯特出版社（完全是模仿莫里斯的柯姆史考特出版社的模式），用软羊皮封面和手工制毛边的页面印刷以劣充好的版本。他开始着手搞《腓力斯人》的出版，这本装出艺术和哲学腔的杂志充满了他自己的各类短文。这个杂志是供不打算作高深思考的没有受过良好教育者和未经世事的人阅读的。

哈伯德的儿子指出：他认为罗文是美西战争中的真正英雄。哈伯德像受到雷击一样：儿子是正确的。他马上冲向他的书桌，然后花了一个小时写出一篇短文，那是匆忙完成的，连个篇名也没有，就登在《腓力斯人》杂志的三月号上。打动哈伯德的是：罗文已经接受了几乎不可能完成的使命，但却没有问任何一个问题，甚至连“他在哪里”都没有问，他只是说：“是，先生！”

哈伯德是这样评论的：“这是不朽的！像罗文这样的人，我们应该为他塑一座不朽的铜像，放在全国的每一所大学校园里。”哈伯德这样挑战他的读者：“此刻你正坐在办公室里——有六名职员在等待安排任务（哈伯德对于他的客户有一种浮夸的想法）。你将其中一位叫过来，吩咐他说：‘请帮我查一查百科全书，就克里吉奥的生平事迹做成一篇摘要。’该职员会静静地回答：‘好的，先生。’然后立即去执行吗？我敢打赌，他绝对不会。他会用鱼一样的可疑的眼睛盯着你，提出一个或数个如下的问题：他是谁呀？哪套百科全书？百科全书放在哪儿？这属于我的工作职责范围吗？你说的是不是俾斯麦？为什么不叫查理去做呢？他死了吗？这件事是否紧急？我能不能把书拿给你，你自己去查？你想了解的是什么……”这是一篇鼓舞人心的短文，为美国缺少像罗文这样的人而哀叹，并断言这个世界正在呼唤那个“把信送给加西亚的人”。

在通常情况下，很少有人定购再版的杂志。但是登有《把信送给加西亚》一文的杂志，出了十二版，五十版，一百版，然后美国新闻公司要了一千份。这些订单把罗依克罗斯特出版社淹灭了。当纽约中心铁路局的董事长乔治·H. 丹尼尔斯发来了一份电报：“订购十万份以小册子形式印刷的关于罗文的文章……封底要有纽约州快车的广告”时，哈伯德回答说他会用两年的时间完成任务，他许可乔治·H. 丹尼尔斯可以自己安排印刷。至今大约有两百份报纸和杂志刊登了这篇短文。

丹尼尔斯以《把信送给加西亚》一文为名发行了五十万份小册子。不仅他的雇员，连他的纽约州快车的乘客都可以得到它。正当丹尼尔斯先生发送《把信送给加西亚》之时，俄罗斯铁道大臣西拉克夫亲王恰巧也在纽约。他受纽约中心铁路局之邀来访，丹尼尔斯先生亲自陪同其参观纽约。亲王看到了这册小书并对它产生了浓厚的兴趣。亲王回国后，让人把此书译成了俄文，发给俄帝国铁路工人人手一册。当1904年日俄战争打响时，每一位上前线的俄罗斯士兵人手一册《把信送给加西亚》。日本人在俄罗斯战俘身上发现了这些小册子，他们断定这肯定是一件十分有价值的东西，于是，这篇文章又有了日文版。日本天皇下了一道命令：每一位日本政府官员、士兵乃至平民都要人手一册《把信送给加西亚》。这样的情形也发生在德国、法国、西班牙、土耳其、印度和中国。从1913年至今，已经以各种语言发行了四千万册。它是在世作者的发行量之最。哈伯德，现在已经世界知名，他1915随着路西塔尼亚号轮船的沉没而去世了——他死后仍然有他不少作品被出版。1936年，罗文上校（一个被责任的制服框定的稻草船夫）之死成了一幕隆重的电影场面。在罗文的余生中，他已经是一个打上了印记的人物。直到第二次世界大战以后，高中生和大学生才能在关于罗文的事迹上避开《把信送给加西亚》这篇短文的影响。

今天，已经没有五十岁以下的人再读（甚至听说）这篇叫作《把信送给加西亚》的文章了。

它所传达的思想，已经不符合政治的正确性。哈伯德鼓吹盲目的顺从，现在也已经不被商业部门视为是一种美德。甚至这在军人中也成了一个易惹火的话题（服从，那是一定的，但是必须要盲从吗?）至于罗文，当然，他只是恪守他在西点军校所被教授的训条——它经常被概括成最简洁的十个字：“按告知的做，闭上你的嘴。”

对那个时代的人来说，这并不是不好的训条，对军队或（如哈伯德所说）对商业部门来说也是如此。它以最少的犹豫不决来提高工作的效率，它减少喋喋不休，使工作得到妥当完成。但是在另一方面，它在很久以前就完全失败了。取而代之的是海军所称的“法律之海”和公民社会所说的“做你自己的事”。

说起来还真有一点儿值得同情呢。

莫雷斯

# 第二辑

# 哈伯德文萃

# 一、阿尔伯特·哈伯德的商业信条

我相信我自己。

我相信自己所销售的商品。

我相信我所效力的公司。

我相信我的同事们和助手们。

我相信美国式的商业方式。

我相信生产者、创造者、制造者、销售者，以及世界上所有正在努力从事实业的人们。

我相信真理就是价值。

我相信愉悦的心情，也相信好身体。我认为成功的关键并不是赚钱，而是创造价值。

我相信阳光、新鲜的空气、菠菜、苹果酱、大笑、乳酪、儿童、斜纹布和薄绸。请始终记住，英语里最伟大的词汇就是“自信”。

我相信自己每做一笔生意，便会交上了一个新朋友。

我相信当我与一个人分别时，一定会做到这样的情形：当我们再见面时，他看到我会很高兴，而我见到他也颇愉快。

我相信工作着的双手、思考着的大脑和爱着的心灵。

阿门，阿门！

# 二、 阿尔伯特·哈伯德的人生信条

我相信男人对女人的爱和女人对男人的爱是神圣的。

我相信经济、社会和精神的自由可以使人类得到拯救。

我相信今天的人类仍然像过去一样被激励着。

我相信正如我们一直期望的那样，人类生活在永恒之中。

我相信人们为未来生活作准备的最好的方法就是心怀善意，在每一天、每一时刻，尽力做好工作，使它尽善尽美。

我相信本无魔鬼，只有人对魔鬼的恐惧。

我相信除了你本人再也没有别人能够伤害你。

我相信我所具有的灵性和你是相同的。

我相信每个人都在意他自己的事。

我相信阳光、新鲜的空气、友谊、安稳的睡眠和美丽的思想。

我相信伴谬的成功往往来自失败。

我相信悲伤具有净化的作用，我也相信死亡即是生命的一种显现方式。

我相信宇宙是倾向于公平的。

我相信这是可能的：当有新的念头闪过我的头脑，一次又一次，我会用新的信条来改变某一条，或者作增补。

# 三、阿尔伯特·哈伯德论主动

世界会给你许多报酬，包括金钱也包括荣誉，只要你具备这样一种品质——那就是主动。

什么是主动？让我来告诉你：主动就是无须别人告诉你做什么，你就能出色地完成工作。

次之，就是别人告诉了你一次，你就能去做。这就是说，把信送给加西亚。那些能够送信的人就会得到很高的荣誉，但不一定总能得到相应的报偿。

再次之，就是这样一些人，只有当别人告诉他们两次，他们才会去做。这些人不会得到荣誉，报偿也很微薄。

更次之，就是有些人只有在形势所迫时才能把事情做好，他们得到的只是冷漠而不是荣誉，报偿更是微不足道。这种人是在磨洋工。

最等而下之的就是这种人，即使有人追着他，告诉他怎么去做，并且盯着他去做，他也不会把事情做好。这种人总是失业，遭到别人蔑视也是咎由自取。除非他有个富爸爸，不然的话，他命中注定只能被一棒打在角落里永无翻身之日。

你到底属于哪一类?

# 四、不求回报的付出

不求回报的付出往往会令人觉得很不满意。

你的敌人是你帮助过的人。

当一个人不满意他自己时，他会对整个世界不满意，包括你。

一个人和世界为敌，就是和自己为敌。但是指责别人和相信自己两者的冲突是如此的强烈——以致于当我们不愉快时，我们会说是他或是她的错。特别是妇女，她们把自己的苦难归因于男人。

造成这种现象的原因往往是因为他给她太多而又不求回报。

这种现象是可逆的、有反作用的、循环往复的，而且会越使用越灵活，在一定的情况下还会双向运行。

只有乞丐真正非常在意他的权利。具有善心的人是不会讨价还价的。

进行激烈的讨价还价和提出过分要求，你将在银行得到一张没有余额的支票。

没有比你无偿得到的东西更昂贵的了。

我的朋友汤姆·劳瑞，他是华尔街东区明尼阿波利斯的一个大亨，他最近的一个小经历证明了我的观点。

一个身体结实的乞丐，他是一个典型的腐朽绅士，有一次打电话给汤姆，告诉他一个不幸的故事，聊起了想要一本《圣经》(家用版)，并请求一笔关于这本书的小额贷款。

沉浸在《圣经》（家用版）的气氛中，再坚硬的心也肯定被融化。

汤姆被感动了。

汤姆给了他一笔贷款，但是没有要他的抵押品，他声明这些东西对他来说没有什么用处。

这是上帝的一次真理闪现。

几个星期后这个男的来了，他试着告诉汤姆他的艰难，他的关于残酷世界中的那些不知感恩的不幸故事。

汤姆说："给我说些好消息吧，我也有我的麻烦，我需要欢笑和喝彩，这些钱你拿着，希望安宁与你同在。"

"也希望安宁与你同在。"这乞丐说完就离开了。过了一个月，这个男人又回来了，告诉汤姆一个更残酷、更冷漠、更不公平的故事。

汤姆被惹火了——他有自己的事务要去操办，他已经在这个人身上关注得有些过分了。这个乞丐说：“劳瑞先生，如果你有自己的生意要处理，那么我不会打扰你本人，但是为什么你不可以叫你的出纳员来呢?”这个伟大的人，曾经为了筹款而把一大群朋友召集起来，按着本性从每个客人身上筹集了 5 美分。可是此时，他为能摆脱乞丐的纠缠而高兴，他按下了蜂鸣器。不久出纳员来了，汤姆说：“把这个人的名字放入你的支付单子中，现在就马上给他 2 美元，以后每个月初都给他这个数目。”然后，他转身对乞丐说：“现在请你离开这里——尽快。跑开。马上——你这个混蛋。”

“你也一样，而且你遭受的更多。”乞丐假惺惺地说，然后离开。

所有这些事情发生在两年前。这个乞丐很有规律地拿了一年的钱。一次汤姆在审查账目时，发现了乞丐的名字，因为当时汤姆已经忘了这个名字是怎么加上去的，所以他第一时间认为这个账目在造假。于是汤姆命令把乞丐的名字从名册上删去，然后指示电梯人员以后不让他进门。

被汤姆拒绝接见之后，乞丐写了很多封信给汤姆。信中带着攻击的、诽谤性的、辱骂的或威胁的语言。最后，这个乞丐把这件事交给贾格斯公司处理，一个极胖的律师出面来索要一笔特遣费。

这个案子进行了审讯，律师证明他要维护原告的正当权益：从被告的账簿中可以看出，乞丐的名字本来是在名册上的，但是他的名字后来被删除了，而在此之前没有建议、没有要求、没有原因，因此没有原告本人的任何过失。

乞丐的一些相关证人证明了这个契约的存在。法庭判决被告支付费用。汤姆在无奈中接受了这个结果。乞丐得到了钱财，而汤姆得到了教训。汤姆说这个人终将失去一切所得，但是他自己所得的东西却可以伴随他走向生命的尽头。事实上，正义的精神并没有沉睡，有一个仁慈明智的神明在护佑着那些重要的大人物。

# 五、放弃或者尽心尽责

这是亚伯拉罕·林肯写给胡克的信！如果林肯所有的信、咨文和演讲词都被毁掉了，而只剩下他那封写给胡克的信，我们仍会在最佳范文的索引中把他放在最引人注目的首页。

在这封信中我们可以看到，林肯统治着他自己的精神；我们也可以察觉出他有强大的领导力。这封信展现出他明智的交往才能，他真诚、友善，他的措辞巧妙、得体，他拥有无限的耐心。胡克曾经粗暴地、不公正地非难过林肯——胡克的首席指挥官。但是林肯不计较这些，出于他对胡克所具有的美德的信任，他努力使胡克提升、继承伯恩赛德的职位。换句话说，一个被无礼对待的人提升了一个无礼待他的人。在这个故事中，被提升者和提升者之间产生了一段温暖的个人友谊。

作为一个领导者，林肯对事实了解透彻，林肯的表达方式也没有使胡克蒙羞，他没有用愚蠢的话去点起胡克心中的怒火，林肯成功地制止了过分夸大的对胡克嚼舌的批评——本来胡克很容易遭受无数的抨击。

也许我们最好给出完整的信，信的原文是这样的：

华盛顿，白宫

1863 年 1 月 26 日

胡克将军：

将军，我已经任命您为联邦政府军的总司令。当然，我做这个决定基于一些在我看来十分充足的理由，另外，我想最好让您知道一些和您有关的事情——对此我不是很放心。

我坚信您是一个勇敢且经验非常丰富的军事家，对此我当然欣赏。我也相信您不会把政治和您的岗位的职责混淆，您对自己充满信心，这是您的珍贵品质或说是不可或缺的品质。

您抱负不凡，同时有合理的约束力，这能更多地发挥出益处而不是坏处。但是我认为您在肯塔基伯恩赛德当军队指挥官期间，您为了实现您的野心，千方百计地妨碍一位您的兄弟的工作，对此您对我们的国家犯了重大的错误，您错误地对待了一个做出卓越功绩的、光荣的、让大家敬重的人。

我曾听说——以道听途说的方式听闻：您最近宣称军队和政府都需要一个独裁者。当然，我想说的重点不是在这里，我把职位授予您，只是想说，只有那些曾获取成功的大将军才能自封为独裁者。我现在对您的期待是获得军事上的成功，为此我会冒着独裁的风险。政府会尽最大的可能支持您，和以前相比不会变少或变多，政府对所有的军队总指挥的支持都会尽力。我非常担心您以前给整个军队灌输培养的那些不良风气，比如：对长官无礼非难、吹毛求疵，对长官不信任，这些情况也会转向针对您。我将为您尽量减少这些麻烦。无论是您或是拿破仑（假如他还在世），都不可能因为军队盛行这种风气而得到任何益处。所以现在开始请小心谨防鲁莽，毫不松懈对敌军的警戒，把胜利带给我们。

您非常真诚的亚伯拉罕·林肯

这封信中有一点特别值得我们仔细考虑，信中提出了一种情况：在有毒的土壤上将涌现出致命的毒物。我提起过不良的习惯——我们对比我们地位高的人挑剔、嘲笑、发牢骚、批评、非难的习惯。一个位高权重的人当然会受到很多批评、诽谤和误解。这是当大人物的代价之一，每个伟大人物都明白这一点；并且明白，伟大无法证明。对伟大最后的考验体现在对无礼侮辱不带怨恨的宽容。林肯没有对非难表现出不满；他知道每个事件都有其发生的理由，但是请留意他希望胡克留意的地方：胡克散布的不敬气氛将会回敬给他本人、使他苦恼！“无论是您或是拿破仑（假如他还在世），都不可能因为军队盛行这种风气得到任何益处。”胡克犯的错误落在胡克的身上——林肯曾受胡克的非难，但是胡克将遭受更加多得多的非难。

不久前我碰到一个回家度假的耶鲁大学学生。我肯定他不能代表耶鲁大学的核心精神，因为他对学校充满了埋怨和牢骚。

在耶鲁的哈德利校长向我表述了他的看法之后，我收集了很多事实、数据、资料，作为有力的证据。很快我发现问题不在耶鲁，而在那个年轻人身上。他一直纠结于一些微不足道的琐事，致使他与所处的环境格格不入，而消磨了在学校中发挥自我的力量。耶鲁并不是一个十全十美的学校，这一点，相信校长哈德利和大多数耶鲁学子都愿意承认，但耶鲁大学为其学生提供的一些优越条件却是实实在在的，而这些给予，需要学生自己来利用发挥。因而，假如你是一个在校生，那么请牢牢抓住手头的机会。

有付出才能有收获，因而你可以通过给予宽恕和忠诚来获得。支持你的老师们，他们一直在竭尽全力做到最好。如果那里确实存在很多问题，那么，就以你自己的实际行动在那里树立一个好的榜样，努力让它完善起来——只需要做好你自己该做的事。

假如你认为你所致力于的机构或领导一无是处——“这个‘老古董’性格乖戾”，那么你最好私下里秘密地、悄悄地、友善地告诉他：他的规章制度很荒谬。然后向他展示应当如何改进他的方式方法，你可以给他关怀并帮助他改正错误。如果你因为某些原因没有这样做，那么，你还有两个选择：回避和远离或融会其中。这是仅有的两个选项，非此即彼——现在，是时候做出你的决定了。假如你为一个人工作，那么，以上帝的名义替他效劳。

假如他付给你薪水让你得以维生，那么，为他工作、赞扬他、欣赏他、支持他和他身后的组织。我想如果我为一个老板工作，我会一直为他效劳，而不是在一段时间为他工作，然后在余下的时间做与之对立的事。我会选择全力为他效劳或者什么都不做。掂量一下，一盎司的忠诚比一磅的智慧更有分量。

如果你坚持丑化、谴责和诋毁他，那么，为了满足你的感情需要，不妨重新定位你自己。但是我给你一个忠告，那就是，只要你还是这个机构的一分子，不要谴责他。当你诋毁他的同时，你也在作贱你自己。

更重要的是，你在那样做的时候，你也正在割断你与组织的血脉联系。当大风吹来，你将被连根拔起，被卷进了暴风雪，却甚至全然不知其所以然。只能感叹说："时间沉闷乏味，我们只好无所事事"等等之类的话。

到处都可以找到这些失业的年轻人。与这些小伙子交谈以后，你就会发现，他们心中往往愤愤不平，充满了痛苦、蔑视和谴责——那就是问题所在——他们在认识上的障碍。他们将自己绕进了死胡同，逼得自己头脑如被轰炸了一般。至此，他们已不再适应那个职位，也不再是他们雇主的得力助手。每一个雇主都在不断寻找可以协助他的人，自然的，他也会在他的员工中剔除那些对他没有帮助的人，任何人或事物，只要成了障碍，便难逃最终被抛弃的结局。这是交易的规则，没必要埋怨，因为这是建立在自然规律上的法则。奖励只给那些有用的人，而要想对他人有所帮助，你必需先宽容待人。

你可以选择在那边抱怨、低声嘀咕、做手势或提建议，跟上司说你对他的看法，表示你对他的态度，告诉他：他“脾气乖戾”，他的体系是完全错误的。这样做，你将“成功地”威胁到他，引起他的不满、激起他的仇恨。不仅如此，你还加速了自己的失败和出局。当你在和其他员工抱怨这个机构就像一个坏脾气的老头子时，你在揭示一个事实，那就是你也是其中之一；当你告诉他们，单位的政策陈旧迂腐时，你也正在贬低你自己。

这个“挑刺、批评、抱怨”的坏习惯，就像刀会越磨越锋利一样，是一个越用越“得心应手”的工具，它的巨大危害就在于，在不断地“磨炼”之下，一个温和的规劝者，将可能变成吹毛求疵的人。更可怕的是，这把尖锐的“刀”，最终甚至可能割断你自己的咽喉。

再回头说。尽管胡克有诸多的缺点，他还是得到了晋升。然而，那仅仅是出于他的上司的关怀，出于他上司的友善、宽容和忍耐。但是，即便是林肯也没有办法永远保护他。当胡克无法胜任之时，林肯也不得不任命新的司令官。这以后，胡克就不得不屈居于他人之下，而在他之上的，是一个沉默的人，他从来不批判他人——即便他是自己的敌人。

就是这样一个沉默的人，一个可以掌控自己灵魂的人，攻破了敌人的城墙。他一门心思致力于自己的事业，完成了一项艰巨的工程。那样的成功只属于绝对忠诚、充满自信、有矢志不渝的坚忍和鞠躬尽瘁的献身精神的人。做好自己该做的事，允许他人去完成他们的使命，以这样的方式，我们自己做好本职工作，同时也会造福于他人。

# 六、服从的规则

我们在日常知识中所推崇的信条是服从。

用整颗心来完成你的工作。

反对有时候是必需的，但是试着将反对和服从混合起来的人注定是要让自己和他身边的每个人失望。用对抗的情绪给你的工作调味的方法注定是要失败的。

当你反对某事的时候，为什么不反对去爬山、去远足、出去玩，为什么不告诉每个人一切事物都会进地狱！这种处理事情的方法，使得你将自己与他人完全分割开来，形成现在的你。可是，一旦你宣布真正的你——善于合作的你——诞生了，便没有人会误解你。

当被指派去完成某项工作时，有人会认为这项工作是乏味的或者是不公平的而不接受，可能他是一个相当不错的人。但是在另一种情景中，有个人笑容满面地接受了任务，但是在背地里却牢骚满腹，并不很好地完成工作，这是个危险的人物。假装遵守，却将反对的气息带入你的心灵，这是在不认真和马虎地完成工作。

服从的宗旨是控制那些冲动的行为，这些行为支配着你感性的头脑和热情的心。

有些船会服从舵的指挥，有些则不会。后者迟早撞到岩石。为了躲避岩石，遵守舵的指挥吧。

服从不是让你卑躬屈膝地顺从这个或者那个人，但是这种精神上的快乐和满足是必须的，并且需要做事情时没有任何无声或者有声的顶撞。

如果一个人没有学会服从，那么在他前进路上的每一步都会麻烦成堆。世界不断给他制造麻烦，因为他在不断给世界制造麻烦。

如果一个人不知道怎样接受命令，那么他也不适合将命令传递给其他人。但是一个人如果知道怎样执行他所接受的命令，那么他也准备好下命令了，而且能让人更好地遵守命令。

# 七、 工作和浪费

这些真理我坚持认为是自明的：

人生来就是欢乐的。

幸福只有通过有用的努力才可能达到。

帮助我们自己最好的方式就是去帮助他人，而且帮助他人最好的方式经常是管好我们自己的事。

有用的努力是指我们全部才能的适当练习。

我们只能通过练习而成长。

教育应该通过生活继续下去，而且，精神上的努力给人的快乐是无穷尽的。关爱你的前辈也会因此得到安慰。

在人们按照正确的节奏交替着工作、玩耍和学习之时，思维器官将最后衰老，而且即便死亡来临也没有恐怖。

财富的占有绝不能让一个人免除有用的体力劳动。

如果所有人都能稍稍做点工作，那么世界上没有人将遭受工作过度之苦。

如果没有人浪费，那么所有人将拥有充足的资源。

如果没人进食过量，那么没人会食物不足。

富人、受过教育的人与穷人、未受过教育的人都很需要继续教育。

受服侍阶级的存在是对我们的文明的一次控告和一场耻辱。

那些靠他人的劳动而不拿自己能力的最好一面回报他人的人，是真正的人类生命的消费者，而且因此必须被看成几乎是吃人的人。

每个自然地生活的人将能做他能做到的最好的事。

在一星期七天之中留出一天作为神圣的一天，的确是不合理的，而且这些闲暇只会放松了我们对可触知的当下的把握。

所有职务、办公室和其他对人类有用和必要的事物都是神圣的，而且除此之外没有什么是或可称得上神圣的。

# 八、如何看待薪酬

当一些年轻人走出菁菁校园，总是踌躇满志，对自己的未来抱有不切实际的期望，他们认为自己一旦开始工作，便应该深得重用，并相应获得很丰厚的薪酬。对于工资上的数额，他们喜欢相互攀比，工资额的大小几乎成了他们衡量一切的标准。但依照实情，刚刚步入社会的年轻人缺乏工作经验，一般是无法马上被委以重任的，因此薪酬不可能很高，于是他们便心生怨怼、口出怨言。

或许是因为亲眼看见或听长辈们说起那些个被老板无情解雇的实例，现在的年轻人通常将现代社会看得比上一代更冰冷、更严峻，所以，他们往往更加现实。以他们的观点来看：我为公司工作，而公司付给我一份薪酬，两不相欠，如此而已。他们一度在校园中充满青春理想，而到了现实社会中，体会到人生的凄惨，幻灭感油然而生，所以他们很少看到酬金以外的东西。一个没有信心的人是不会有工作热情的，他们对工作总是一种逃避的态度，应付的态度，能敷衍过去就敷衍过去，不肯真正地负起责任，以此来对付他们的雇主。他们从未认真对待自己的前途，漠视家人的期待、朋友的期许，而只是单纯为了工资。

为什么会出现这样的状况？主要是人们对薪酬的含义缺乏真正的了解和思考。大多数的人皆因自己眼前所得甚微，便将那些远远比薪水更重要的东西也一并弃之如敝屣，这实在是一件令人遗憾的事。

不应该只为了薪酬而工作，薪酬只不过是对工作的报偿方式之一，它是最直接的一种，但如果你只看重它，那么，你是最缺乏远见的一类人。一个人如果只为了薪酬而工作，而没有更远大的人生目标，那么，这将被证明是一种错误的人生选择，为害最深的不是别人，而恰恰是你本人。

一个以薪酬为人生轴心的人是无法走出平庸的人生境界的，他也绝不会有真正的成就感。虽然，薪酬确实应该是工作的目标之一，然而，一个人从工作中真正得到最多的、最好的东西并不是装在牛皮信封里的一叠纸钞。

有心理学家在研究中发现，金钱在达到一定数量之后，就不再有足够的魅力吸引人。即便你本人并没有达到如上所说的境界，但如果你倾听内心的声音，你便会发现金钱不过是众多的报酬中的一种。你可以试着询问一下那些功成名就的人士，他们在没有丰厚的金钱的回报下，是否还会继续努力工作？多数的回答的必然是："是的，绝对是的！我不会有一丝一毫的改变，因为我是如此热爱我所从事的工作。"一个人如果想要勇攀事业的高峰，最明智的办法是选择一份你所热爱的工作，一份即便薪酬不高你也能够持之以恒地继续劳作的工作。当你全身心投入你所从事的工作时，钱财便会如影随形、不请自来。你会成为人们竟相猎取的对象，丰厚的报酬便水到渠成。

不要只为了薪酬而工作。工作自然是为了活命，但是，比活命的生计更重要、更可贵的，是你在工作发现你自己的潜能，充分发挥你的才干，做成真正的大事业。如果工作只是为了糊口，那么一个人的生命的价值就太被低估了。

人生的境界绝不是仅仅满足口腹之欲，人应该有更高远、更高层次的精神需求，向着更高境界上升的驱动力一直是存在的。不要让自己麻木下去了，不要仅仅告诉自己：我的工作就是为了养家糊口——人生的目标远远不能仅限于此。

工作的成败决定一个人生活的成败。无论薪酬是多少，一个人如果能够在工作中兢兢业业、积极主动，那么，他的内心就会始终保持平和。事业成功者和失败者之间的天堑就在此处。工作中过于追求轻松惬意的人、不愿真正付出的人，无论他从事的是怎样的工作，他都不能真正成功。一个将工作仅仅当作是赚钱手段的人，到了哪里都会被人蔑视。

事业有成的人们用他们成功的经验一次次向我们揭示了一个

真理：唯有经历苦难的磨砺，才能捕获人世间最大的幸福，才能取得人生的大成就；只有不计薪酬、努力奋斗，才能得到上天的眷顾。

# 九、工作所给予你的

工作能够给予你的，通常要比薪酬给予你的要多得多。以薪酬的多少为唯一的目标，看起来好像直接受益，但短视的后果往往是人的心智被蒙蔽，我们看不到未来的人生方向。

那些因为薪酬较少而漠视工作的人，一方面是对公司的损害，但另一方面，最主要的还是对自己的伤害。一个人的希望就这样被断送了，一个才华横溢的人枯萎了，成了一个再平庸不过的人。

工作所能给予你的，要比你为它所付出的要多得多。一个新的员工，不能斤斤计较收入，而应该专注于工作本身。工作给你带来多方面的效益：你的工作能力得到了很大提高，你的社会经验大大增加，你的个性成熟了，你的魅力大大增加，等等。所有这些，都是要比薪酬更可宝贵的。与你微薄的工资相比，技能和工作经验的积累，有更高的含金量。老板付给你的是工资，是金钱，而工作赋予你的是终身受益、终身保值的黄金。

工作能力和经验比金钱要重要得多，它不会遗失，它不会被偷窃，它在你的生命中长留。如果你去研究那些社会上的商业精英，你会发现这些人并不总是一帆风顺的，他们也起起落落，有高峰有低潮，但是在跌宕起伏之后，他们终于获得成功。他们依靠的是什么？是能力！而能力是在工作中逐渐培养起来的，这种在工作中培养并增加的能力，最终让这些社会精英起帆远航，从生命的低谷重返事业的高峰，达到一览众山小的辉煌境界。

我们每个人都艳羡那些商业精英所具有的人格魅力、创造精神、把握机遇的能力、极富洞察力的心灵等。可是，在事实上，他们也不是一开始就拥有这样的能力，他们也是从工作中逐步积累，一点一滴地从工作的成败中吸取经验教训。工作也是一个人发现自我，重新认识自我的好机会，一个人最需要了解的就是自己，而这只能在工作中完成：你一点一点展开自我，一点一点洞悉自我，一点一点磨砺自我。当我们对自己更了解之后，我们就能够扬长避短，把自己的潜能都尽量发挥出来。

不仅仅为薪酬而工作，工作给你的远比你为它付出的更多。你一直在进步，一直在努力，你就会有一个没有污点的人生记录，你在公司有一个好形象，你在整个行业、甚至在全社会都有一个好名声，这对你今后的人生发展极有助益。一个好名声陪伴你一生，一个好事业也陪伴你一生。

有些人在工作中总是不愿出全力，他们总想偷工减料，总想忙里偷闲，上班迟到早退，在办公场所与人瞎聊一气，或者借出差游山玩水。这些人未必会被马上开除，但会给别人一个很不好的印象，从此坏名声就追随着他。如果他们有一天想更换门庭，也不会有其他老板要他，因为他的名声已经坏了，没有人会再对他感兴趣。

一个人如果短视地只看中工资袋中的纸币，那么他们必然会忽视薪酬背后的成长机会，必然无法从工作中得到真正的经验教训，他的能力无法提高，他的名声也坏了。一个把自己困在装着工资的牛皮纸袋中的人，是永远无法认识到自己的潜能的人。由于他永远无法认识自我，他也就被自动驱逐出成功者的行列了。

# 十、工作带来的奇迹

“他们几乎可以说把事情做绝了！”我情不自禁地发出这样的感叹。那还是在1910年。当时，在编辑《腓力斯人》杂志期间，我曾刊发过一则对来稿要求很高的征稿启事——即从生活当中的“最小处”入手，然后再把话题引向深入和广博。当时，我对于作者们可能投来的稿没有任何把握。毕竟，这样的题目并不多见且要求苛刻，我十分担心来稿的质量。

而事实上，从我收到的稿件来看，我惊讶于它们的数量是那么多，它们的题材又是那么广泛，我当即改变原先的计划，用了好几期杂志的版面，才把各式各样的绝妙好文尽数刊登出来。与此同时，我对作者们严谨、诚实而勤勉的写作态度钦佩不已，他们写作成果之卓越远远超出了我的想象。

比如，像“拔牙”这样一个毫不起眼的题目，就有一个叫克林·琼斯的作者经过大量细致入微的调查和研究，终于捧出了大作:《拔牙时代》。如作者在文章所说，牙齿本司空见惯，可他为了写好文章，特地驱车远行，专门到另一座城市的一个博物馆去研究。他透过容器玻璃罩子，见到了那颗著名的假牙——这牙齿的中间是完全凹陷下去的——这个牙齿的奥秘在于：美国独立战争时期，一个间谍人员就是用它来藏匿密信的。这位作者还跑到美国疾病研究与防治中心，找到了那里的一份报告。通过报告他得知：在全美，牙齿情形最糟的是弗吉尼亚州的人，弗吉尼亚六十五岁以上的人群当中，有半数左右的人牙齿已经全然脱落了。

这位作者继续致力于调查。他进图书馆和书店，到处搜罗有关牙齿的书籍。他曾在一本印着照片的书里，目睹过形形色色不同的牙齿——这些牙齿都是由一个名叫查·彼得的医生长年累月从别人口腔里拔下来的。照片上的每颗牙齿均有标签，标明它们各自的主人的名字。

作者还在文章中讲述了一个现在已经没人知道的故事，这个故事使读者增加阅历：在十八世纪上半期，格兰德·托马斯是当时一位有名望的职业拔牙师。他驾着一辆双轮马车，东奔西走，狂热地展示他的拔牙术。在 1750 年以前，在他定居的城市里，他奔忙了半世纪之久。他挥动着一面小旗，旗上写着：“坏牙越少，口腔越好”的标语。作者借此一边介绍了牙科学的产生，同时展示广告在其诞生之初的样子。“口腔，”琼斯写道，“开始成为神奇之所在。从它那里，一个崭新的学科领域拓展出来了，同时又产生了前景广阔的新的商业门类。”

瞧，仅就“牙齿”这样一个再普通不过的题目，作者就为我们提供了如此丰富的知识！我发现，即便素材存在于日常生活中大家熟视无睹的角落里，但只要作者舍得下功夫、深入调研、精心构思，他也可能通过平淡的题目创造出神奇的篇章。作者们出色的工作，使我感叹不已。他们真的能够从“最小处”、从生活的细微处（比如一种食品、一件服装、身体的某个部位等），采掘出关乎人类生活大局的内容和思想。

例如，有一位名叫丹尼尔的作者写了《鸡的世界》一文；亨利·帕佐斯基对铅笔大发一通宏论；建筑师维托德·莱辛斯基介绍了螺丝刀和螺旋的发展历史。他们的工作使读者可以从熟视无睹的事物中间，采掘出更多的生活景象和人生哲理，不能不说是妙趣无穷的。

为了写好文章，杰伊·斯坦到了任何他认为有用的地方，他查阅了大量政府档案，辨析南北战争时期的各种物品，他还搜罗了有关装订机、文件夹、曲别针等小物件的资料。他在随信寄来的文章中写道：“我发现，在司法程序里，小小的曲别针，有时会成为一锤定音的物证。正如在一场战争中，一枚遗落的马蹄钉，会使骑兵失败一样。曲别针在诉讼案件里，是再普通不过的，但这个小玩意儿，有时却是一件利器，在混沌难辨的空间里，闪着分外耀眼的光芒……比如，从它本身的屈张程度，或者它在纸张的表面留下的印痕，甚至可以判断出，一沓文件是否从属于某份遗嘱……”

凯瑟琳和格林布莱特是一对夫妻，这两位作者一起努力，认真研究普普通通的马铃薯。据他们两人的文章介绍，一百多年以前，当马铃薯刚进入欧洲大陆时，对种植它的利弊，人们曾展开过一场激烈的辩论。支持者说：培植马铃薯和养猪一样，既不必花费太多气力，又可以佐餐，没有什么不好。反对者则担心：既成的社会秩序和规范将被它破坏——因为相比之下，面包这样的产品，需要经历耕种、生长、脱粒、碾磨、烘烤、销售等更为复杂的环节，因此，才真正有利于人们结成巩固的生产关系和社会关系。从作者的文章当中，我们不难发现前人对待生活的认真和积极的态度。

尤其让我惊叹的是，有个叫爱莫图的作者——他仔细研究并论述了“灰尘”这个事物，而且他在论述中涉及多个话题，包括中世纪哲学、工业革命时代的科技、人类卫生运动，等等。但全书的核心，探讨的是“灰尘”在诗歌世界与科学幻想中的地位。他悲哀地看到：它曾经拥有过的特殊地位正在一步步地失去。你可以想象，为了写好这篇文章，作者付出了多么大的心血啊！

从两位作者那里，我们可以了解到，仅仅在几个世纪之前，灰尘，曾被视为“人类的眼睛所能见到的最美妙的事物之一……在可以目睹和无法窥见的事物之间，它是一道变换无穷的屏障。这些在阳光下飞舞着的颗粒，显示了万物终于回归源初状态，而隐身期间的无数个小而又小的微观世界，永远让人惊叹”。

总之，作者们目标明确、勤勉，他们自动自发，他们出色的工作成果，使我大为感佩！在他们的努力下，一切焕发出光彩。

科林·琼斯以牙齿作为研讨的对象，其他人选择的或许是郁金香、植物的荚果、苯胺紫燃料、经线、磷、字母 F、手帕、垃圾……这样的情形让我感动，几乎可以说就是奇迹。

其实，不管这个世界究竟是何物，有一点是肯定的：在写作行业如此，在其他任何行业或任何工作上，都是如此。一个人只要目标明确、态度诚恳，为了目标罄其所有，他便能创造出同样的奇迹！

换言之，当你面对任何任务的时候，只要——兢兢业业地去工作，一丝不苟地达成目标，以全部力量抵挡惰性、拖沓和退避之心，只求圆满完成使命——那么，你就会给自己和他人带来惊喜。就像上面所说的众多作者所做的出色工作一样——你的人生大门就会豁然打开，你的世界也将五彩斑斓。只有你这样对待工作，一切的机会、一切的可能性，才会与你永远相伴而行。

# 十一、工作热情

我激赏那些总是充满工作热情的人。工作热情可以在人群中发散、传染，而永不失去原有的热度，它是一项与别人分享之后反而更加增值的资产。你在工作中付出的热情更多，你所能得到的东西也会相应更多。对生命而言，最大的奖励并不是来自个人财富的积聚，而是由工作的热情焕发出来的精神上的满足。

当你充满热情地投入你的工作，当你努力工作以博得自己老板的信任和顾客的满意之时，你的个人价值就会增加。请在你的言行举止中呈现更大的热情吧，热情是一项奇妙的东西，它总是能够在那些最有影响力的人身上找到，它是一个人走向成功的基石。

忠诚、有才干、善良、恪尽职守、质朴——所有这些品性，对一个想在事业上有所成就的人来说，都是不可或缺的。可是，有为的年轻人更不可缺少的是工作热情，正是工作的热情使有为之士把顽强的拼搏看作是人生的一种快乐甚至荣耀。

发明家、艺术家、音乐家、诗人、作家、英雄、人类文明的引领者、伟大企业的创立者——无论他们来自何种种族、哪个地区，无论是身处哪一个年代——那些引领着人类从蛮荒走向文明曙光的人们，没有一个不是高涨着热情的人。

假若你不能使自己全身心地投入你所从事工作中去，那么，你无论从事何种职业，你都只能成为一个庸庸碌碌的人。你无法在人类历史的留言板上抹下任何印记；一个没有热情、做事拖拖拉拉、得过且过的人，只能在一无所成中度过自己平淡的一生。如果是这样，那么你将和芸芸众生一样，将和蝼蚁一样，和最普通的群体拥有同一个结局。

热情是工作的灵魂，甚至它便是生活本身。一个年轻人假如不能从每日的工作中寻找到乐趣，假如他只是为了糊口才被迫投入工作，假如他认为工作不过是仅为生存才不得以去履行的职责，那么，这样的年轻人一定会在事业上吃败仗。

当一个年轻人以这种心态去对待工作，他一定是陷入错误的境地了。也许，是他选择了并不适合他本人的人生奋斗目标，他在天性上也许并不适合他现在所从事的职业，他徒然前行，却步履维艰，他在白白地浪费着自己的青春。

他们需要被某种内心的力量所唤醒和激活，他们应当被告知：这个世界需要他们，需要他们来做最好的工作。他们应当顺应自己的爱好和兴趣把每个人的聪明才智完全发挥出来，应当根据各人的能力的不同潜质，把它原来的那一份优长增至十倍、二十倍、一百倍。

可以说，从来没有哪一个时代能像现在这样，能给激情洋溢的年轻人们提供如此多的机会！这是一个属于年轻人的时代，这个时代让年轻人成为真与美的阐释者，成为它的主角。

大自然的秘密将被揭开——靠的就是那些准备好把自己奉献给工作的人、那些激情洋溢地生活在这个时代的年轻人。各种新的领域等待着那些热情且有耐心和恒心的人去开发。人类活动的每一个领域，都在呼唤着充满工作热情的人们。

工作热情是战胜一切困难的强大法宝，热情使你保持敏感，使你全身所有的神经都处于兴奋状态，从而推动你去从事你内心渴望的事。热情使你始终专注于你既定的目标。

音乐家亨德尔在年幼时，家人禁止他去碰乐器，不让他去学习音乐——哪怕是学习一个音符也不行。但这一切又有什么用呢——他半夜偷偷爬上阁楼里秘密地去练习钢琴。

莫扎特孩提时代，白天也要做大量的杂事，可是夜幕降临，他就偷偷地去教堂聆听管风琴演奏，这时，他将全部身心都融化在音乐之中。

巴赫年幼时只能在溶溶的月光下抄乐谱，连点一支蜡烛的要求也被大人拒绝。当那些手抄的资料被没收后，他也仍然没有心灰意懒。

同样，皮鞭的抽打和言词的讥讽没有压倒奥利·布尔，反而使从孩提时代就对提琴艺术一往情深的他更专注地投入小提琴曲谱中去了。

没有热情，军队就无法打胜仗，雕塑就不会那么栩栩如生，音乐就不会如此感人，人类就无法掌握驯服自然的力量，那些震撼人类感官的宏伟建筑就不会兴建，诗歌就无法安慰人的心灵，这个世界上也就不会有无私的爱。

热情使人们挺身而出为自由而战斗；热情使人类的先行者和开路者举起斧头，开拓出人类文明的道路；热情使弥尔顿和莎士比亚拿起了笔，在纸上书写下他们炽热的思想。

博伊尔说：“伟大的创造，如果离开了热情，是无法成就的。这也正是一切伟大事物之所以激动人心的地方。离开了热情，任何人都会变得虚弱；而有了热情，任何人都不可以小觑。”

热情，是一切伟大事业在取得成功的过程中所具备的最重要的潜在因素。它潜入了每一项发明创造、每一幅绘画、每一尊雕像、每一首伟大的诗、每一篇让人赞叹的小说或文章之中。

热情是一种精神的驱动力。它只有在更高级的人类精神中才会焕发出来。在那些完全沉溺于个人感官享乐的人身上，你是不会发现这种热情的。热情在本质上就是一种朝阳精神，一种永远积极向上的力量。

人类所能拥有的最好的劳动果实总是由那些有聪明才智同时具有工作热情的人所成就的。在一家大公司里，那些职工中的老滑头会嘲笑一位年轻同事的工作热情——因为这个职位最低的年轻人干了许多自己职责范围以外的工作。然而不久之后，他就被老板从所有的雇员中挑选出来，成了部门经理，升入公司的管理层，令那些耻笑过他的滑头们瞠目结舌。

一个人的成功与其说取决于个人的才能，还不如说取决于个人的工作热情。

这个世界的大门是为那些真正具有使命感和自信心的人打开的。这些热情洋溢的人直到生命快要终结之时，依然热情不减当年。无论困难有多大，无论前行的道路有多少曲折，他们总是有信念，相信心中的美好蓝图将变成现实。

热情会使我们在实现理想时信心更坚定，热情会使我们的意志更加坚强。热情给思想以力量，敦促我们马上付诸行动，一直到把可能性变成现实性。一个人永远不要畏惧你心中的热情，如果有人以半是怜悯半是蔑视的语调把你称为狂热分子时——就让他去说吧。

一件事情如果在你看来值得为它付出，那么，你就把你能够发挥的全部热忱都投入其中去吧——至于那些别人的闲言碎语，你大可一笑了之。笑到最后的人，才笑得最好。真正的成就从来都不会眷顾浅尝辄止、搬弄是非、首鼠两端、胆小如鼠之辈的。

一个人如果把他的精力全部聚焦于他所从事的事业——他是如此虔诚地全身心投入其中——是根本没有闲暇去考虑别人的闲言碎语的，而总有一天，所有人终会承认他的价值。

对你所从事的工作，你要充分认识到它的价值和重要性。你所从事的事业对这个世界来说是不可或缺的。以全部的身心投入你的工作中去吧，把它当作你担负的特殊的使命，你要把这种信念牢牢扎根在你的内心。

就像美一样，生生长流的热情，让你青春长留，让你的内心永远洒满阳光。有伟人如此警示我们：“请倾你之所有，以换取对这个世界的理解。”我要这样说：“请倾你之所有，以换取满腔的热情。”

# 十二、 忠实于你自己

一群社会学家在路易斯安那州从事他们的社会学调研。

一位来自明尼苏达州的瑞典移民被分配到这里的一个印刷厂，他所从事的管理工作很清闲，薪酬也很不错。然而，没过多久，他就开始抱怨，说他真的并不喜欢这项工作，于是他被调到农场当拖拉机驾驶员，可是，他对新工作只忍耐了两天，就再也无法忍受拖拉机的马达声。于是他又被指派到养牛场，可是，他和那些奶牛也无法和平共处。就这样，他几乎尝试了这里所能提供的每一样工作，但就是没有找到一样是他喜欢的。

正当他在气馁中心生“回老家算了”的想法之时，他突然想起，这里的砖瓦厂的工作他还并没有尝试过。于是，他要求到砖瓦厂去工作。砖瓦厂的工作劳动强度大，薪水也低，所以，参加调研的几位社会学家预判他很快就会厌倦这份砖瓦厂的工作。然而意想不到的事发生了：一星期过去了，没有人听到他提出任何抱怨，每天他都吹着口哨自得其乐地干着码砖的活计。

有人让他说说对这项新工作的看法，他说："这是一份正好适合我的工作，我非常喜欢。我一个人独自干活，不需要任何想法，也没有任何约束。"

克利夫兰著名的银行家克拉斯多年来一直有一个愿望，他想管理一个大银行，但是他这么多年一直做的都是下层的事务性工作，他做过簿记员、收账员、折扣计算员、出纳员、收银员等，他样样都做得很出色，每次他都主动放弃现有职务的升迁机会，因为他并没有忘记他的终极目标。他说："一个人可以从不同的路径达到自己的目的地。一个人如能在一个公司里就学到自己所需的一切当然很好，但大多数情况下需要在不同的工作环境中积累经验。因此，我认为他必须知道自己要什么及如何达成。""如果我换工作仅仅是为了每周多赚几块钱，恐怕我的未来早已经被葬送掉了……我之所以换工作，仅仅是因为目前的公司和老板无法再给我带来更多的教益了。"后来他终于达成了自己的人生宏愿，成了一家大银行的管理者。

有一句话是这样说的："一盎司忠诚等于一磅智慧。"意思是说忠诚要远比智慧更值得珍视。在人生的岔道上，你应该去寻找并选择最适合你的工作，这是对内心的忠诚。而为了你的终极理想，你抵御住高薪的诱惑、放弃闲适，是出于对理想的忠诚。忠诚于自己内心的声音，忠诚于自己的理想，是人生的大智慧，它将为你打开人生的宝藏之门。

# 十三、 失业者

我见过许多经常在不同公司之间游走的人，他们并不是为了事业而劳碌，而是——他们总是处在找新工作的状态中。他们曾在许多不同的公司工作过，从事过不同的职业，他们的工作经历都很相似。

迈尔斯便是这些人当中的一位，他曾经做过许多份不同的工作，却又一次次地沦落到一位可悲的失业者的境地。

通过交谈，我了解了迈尔斯从前的工作经历。在其言行中，他总是流露出这样一种情绪：怕工作负担太沉重。他渴望获得一份拥有充分闲暇时间的工作，有时候他甚至将无所事事看作是一种人生乐趣。

当他年轻的时候，他挥霍着自己的青春好年华，而到了中年，他终于可以“无所事事”了。可是，这个他曾幻想过的所谓“理想生活状态”，现在却让他觉得苦不堪言。

我还认识一位先生，他在最近的一次公司调整中丢了饭碗。被解聘之后，他逢人便抱怨自己所遭受的不公正待遇。他逢人就说：“我为公司立下了汗马功劳，而最后自己却被人无情地一脚踢开了。”

他抱怨时的种种表现使我更加确信，他被解雇真是咎由自取。他是一个只沉湎于过去的人。他只会说些消极、不幸或恐怖的事情。如今，他依然失业；如果他不试图改变他自己，那么，就他的状况来看，失业的日子还会无穷无尽。

我曾请教过一位聘用过数以百计员工的管理者，问他是如何考察不同的应聘者的。他说：“我在招聘员工时，我很看重应征者究竟是如何评价自己刚刚离开的公司及以前所从事的工作。如果前来应征的人老是抱怨过去的雇主，甚至恶毒攻击，那么这类人我是无论如何也不会考虑聘用的。”

我遇到过许多失业者，发现他们心中充满了怨恨和苦楚。然而情况往往是，他们所抱怨的对象并不是导致他们失业的主因或主凶。恰恰相反，这种一味抱怨的行为恰好可以说明他们的倒霉处境是他们自己造就的。

抱怨公司的老板；抱怨工作时间太长；抱怨公司管理制度太严……抱怨使他们不能安心工作，也使他们的路越走越窄，最终一事无成。抱怨使他们心浮气急、心胸狭窄，也使他们与公司的气氛格格不入，最终只好被迫离开。等待这样的人的命运就是失业，他们得到了自己应得的轻视，命运之神会有足够的耐心在茫茫人群找到他们并看着他们就这样出局。

现实世界中有许多失业者，他们的无奈给人留下了深刻的印象，人们甚至会产生错觉，以为是经济的不景气减少了市场对劳动力的需求。事实并非如此。在许多公司里，有许多空缺职位没有找到合适的人去做。看看报纸，满眼都是“诚聘职员”的广告，许多老板都那么急切地在寻找有用之才。

为何出现一方面似乎“人才过剩”，而另一方面人们又求贤若渴的局面呢？那是因为社会需要的是那些职业素质良好、勤奋敬业的员工，以及才华出众而且忠诚守信的管理者——而不是那些好逸恶劳、马虎轻率、抱怨不休的平庸劳动力。

我在《把信送给加西亚》一书中，写有这样一段话：“在每家商店和工厂，都有一个不断的‘除草’过程。公司负责人不断地送走那些没有能力对公司的发展有所贡献的员工，同时也吸纳新的成员。无论业务如何繁忙，这种整顿一直在进行着。只有当经济不景气，就业机会不多的时候，这种整顿才会有明显的效果——那些无法胜任工作、缺乏才干的人，都被摈弃于公司的大门之外，只有那些最能干的人，才会被留下来。追逐自己利益的欲望驱动每个老板只会留住那些最优秀的职员——那些能‘把信送给加西亚’的人。”

确实，为了自己的利益，每个老板只保留那些最优秀的职员——那些能“把信送给加西亚”的人。

想一想你究竟是属于哪种人呢？想一想自己为什么会成为失业者？

# 十四、 时间与机遇

首先至关重要的一点是，人与人之间不存在较大的智力差别。伟人并不像人们所想象的那样伟大，而愚钝之人也并非真的如此迟钝。真正的差距在于一个伟人懂得展示其最闪耀的一面，而其他人却无法意识到自身的闪光点或优点。

爱默生说："灵魂知道所有的事情，知识仅仅只是一个记忆。"这似乎是非常明显的论证，然而，事实是，绝大多数的人只是尽他们的努力了解到一些事物的表象，而表象之下却存在着无数真理，智力每向前一步都需要一段漫长的时光。

为了利用这些存储着的思想，你必须将他们表述成另外的形式，并且为了更好地表述他们，你的思想必须潜入表象之下，这样你才能真正掌握成功的经验。

换句话说，你必须“出来”，走出自我意识，进入该区域的部分无意识状态，超越时间的边界和空间的限制。著名的画家在面对他的油画时，忘乎所以；作家忘记他的周围环境；歌手乘着音乐的翅膀飞翔（同时带着观众一起入迷）；演说家长达数小时聚精会神地演说着，对他而言，好像只是过去了五分钟，他只是全神贯注于他的崇高主题。

当你达到一种至高境界，表达你至高情怀之时，你的精神也陷入一种恍惚缥缈的境界。当人们到达这种境界之时，他们会惊讶于他们所拥有的知识数量和所领悟的学识界限。有些人会比常人更深地进入这种恍惚的境界，然而却不明白真理为何奇迹般存储于潜意识细胞中，只好转而得出结论：他们的智慧是为某种精神所开化而非他们自身。

大脑是客观与主观的双重结合。客观的大脑可看、可听，导出事物的缘由；主观的大脑却沉睡着。

但由于很少被完全培养熏陶，或者处于反射或半睡眠状态，主观的大脑总是静止着，他们很少在真正意义上唤醒表象之下存储的宝贵财富。

一个作为猎获者的商业人士，必须时刻保持清醒，警惕事态的进展，当他在沉睡的时候，他的竞争者就有可能夺走他日积月累的所有。

然而你认为什么才是一个人充分掌握自己思维表象之下的财富的关键呢？

“你唱得不错。”教师不耐烦地对他的得意门生说，“但是你永远都无法像神一样庄严的歌唱——除非你为爱倾尽全部，然后被忽视被拒绝、被嘲笑被打击、你最终选择死亡——但是如果你没有真正死去，你重新回到这里，当世界聆听到你的声音，人们会误以为是天使之音，都为之倾倒。”

普通人的道德就是只要你享受到感官的满足与舒服，只使用你的客观思维，活在感觉的世界中。

在感官的世界中，爱受尽摧残，你的理念被放逸出来，像影子一样自由飘荡，仅仅作为萦绕于心的失落记忆。

然而，当你寻找永恒，你会完全忘记现有存在，进入到一种纯粹的精神世界。

# 十五、天使

有一个人某天晚上遇到了一位天使，这位天使告诉他：将有大事降临到他身上了，他将有机会得到一笔巨大的财富，同时，他将赢得很高的社会地位，并且娶到一个非常美丽的妻子。

这个人终其一生都在等待这个奇迹降临到他身上，可是什么事也没发生。这个人穷困潦倒地过完了他的一生，最后孤独而死。

当他死后上了天堂，他又遇见了那个天使。他责问天使：“你说过要给我财富、很高的社会地位和美丽的妻子，为什么我等了一辈子，却什么也没有。”

天使这样回答他：“我并没说过你所说的那种话，我只是承诺过要给你机会去赢得很多的财富、受人尊敬的社会地位和美丽的妻子，可是你却让这些机会都从你身边溜走了。”这个人大惑不解，他说：“我不明白你的意思。”

天使于是给他解释：“你可记得你曾经有好几次想到金点子——可是你没有真正付诸行动，因为你害怕失败而不敢去尝试。”

这个人点点头。

天使继续说：“因为你没有去付诸行动，这个金点子几年后给了另外一个人，那个人勇敢地去做了。你可能记得那个人，他就是后来变成全国最有钱的那个人。还有一次，你应该还记得，城里发生了大地震，大半的房子都震垮了，几千人被困在倒塌的房子里，你本来有机会去拯救那些幸存的人，可是你却怕小偷会趁火打劫你家。你以此之故，忽视了那些需要你帮助的人，而只是枯守在自己的房子里。”

这个人难为情地点了点头。天使说：“那是你的好机会，你可以去拯救很多生命，而那个机会可以使你在城里得到多大的尊敬和荣耀啊！”

天使继续说：“你记不记得那个头发乌黑发亮的美丽女子，那时你曾深深被她吸引，你从不曾这么倾慕过一个女子，之后也再没有遇到像她这么姣好的女子，可是你总以为她不可能喜欢上你，更不可能允诺与你成婚，因为你害怕被拒绝，而让她从你身旁溜走了？”这个人又点了点头，不过，这次他流下了悔恨的泪水。

天使告诉他：“我的朋友啊！她本应是你的妻子啊，你们本来会一起生育好几个漂亮的孩子。如果跟她在一起，你的人生将会增添几多快乐啊。”

是啊，其实每天我们都可以从周围逮到很多机会，包括爱恋的机会，可是我们通常会像故事里的那个人一样，因为不自信而裹足不前，机会便这样从我们的指缝中溜走了。我们总是因为害怕被拒绝而不敢接近别人；我们总是因为害怕被耻笑而不敢跟别人沟通；我们总是因为害怕遭遇失败而不敢对别人做出承诺。

不过，我们比之故事里的那个人还是有那么一点点优势——那就是目前我们还好好地活着！我们可以从现在开始去努力抓住那些机会，我们可以从现在开始去创造属于我们自已的机会！

# 十六、大学教育

大学教育对于年轻人的未来是不可或缺的吗？许多人对此都没有定见。如果一个人一生仅从事经商活动，我倒觉得这种教育似乎并不是必需的，对从事商业的人来说更要紧的是敬业和勤奋。就许多年轻人的情况而言，当他们应当全神贯注地培养自己的工作精神之时，却被父母送进了大学。进大学就意味着他们一生中最惬意、最快活的一段时光降临了。而当他们步出校园，正值生命的黄金时期，但此时此刻他们往往很难让自己全身心地投入到工作上去，结果只能无奈地丧失掉成功的机会。

一项研究表明，历年来哈佛大学那些学业最优秀的学生，在毕业后获取的成就竟然都不太突出。这项研究从某种程度上可以说明，成功是由多种因素聚合而成的——学业仅是其中的因素之一。另一项研究是在贫民窟里的孩子中间进行的。这些孩子大都是外来的移民和黑人的子弟，成长在恶劣的环境下，他们从小就比好家庭出来的孩子忍受更多的不幸。可是，他们长大之后，其中竟然有许多当上了律师、企业家和教授，摇身一变为上层社会的人物。如此，我们是否可以得出这样的结论：一个人的成就大小并不取决于大学里的分数，也并不取决于婴幼儿时期的教育水平，而与一个人在其成长过程的性格塑造关系更大一些。只凭借从书本上得来的知识，一个人并不能确保他一生的成就。

前人说得好："一个人读书的目的绝不是为读书而读书，而在于一种超乎书本之外的、只有通过细细体会才能获得的处世智慧。"所谓"纸上得来终觉浅"，就是这个道理。大学教育的确可以提升一个人的文化知识素养，但这种书本知识常常是理论性的，想要获得它通常要以牺牲人的活力和个人意志为代价。有时，书本教育会阻碍个人的实践能力和心智的发展，扼杀一个人内在的潜能。

康奈尔大学的大门口悬挂着它的校训，其中有这样一句话："走进这大门，你将变得更博学和睿智；走出这大门，你对社会和人类而言变得更有价值。"我之所以主张全面系统的教育，在于这种教育能使一个人变得更有方向感——以至于一个人无论陷入怎样的困境都能从容应对。那种将大学教育仅仅当成获得工作的一种手段的看法，隐含着一种低级、浅薄的职业观和教育观。它没有考虑到教育对个人性格发展的塑造作用，也没有考虑到学习经历对一个人的成长的潜在影响。

从某种意义上讲，大学教育意味着一种投资，一种对人生之力的投资。年轻人从这种投资中收获一种人生之力——一种知识创造的力量。这种力量包含两方面：思考的能力和意志的力量。大学教育是否必要，它的标准就在于，是否能获得这种力量，或者说是否最终获得了这种能力。思考问题的能力是任何成功者都不可或缺的。我曾经访问过美国一些大公司的人力资源主管，我问他们：你们最希望找到怎样的人才——或者说在众多应聘者中间最难发现什么样的人才——绝大多数人的回答都是一样的：具有正确的思考能力的人。

大学教育最独特的地方在于：通过教育和辅导，开发受教育者的思维能力，它让年轻人变得善于思考而且思路开阔，同时懂得如何运用自己的智慧和学识为自己的人生目标的实现添砖加瓦。

对于年轻人来说，大学教育使他们经历了从一个自我到另一个自我的转变，就这一点，罗斯金曾发表过一个著名的评论："教育并不是教人们知道他们原来根本不知道的东西，而是要教导人们去做他们原来根本不会做的事。""认为教育仅仅是知识学习，"帕卡德教授说，"是一种了无趣味、鼠目寸光的想法。事实上，人们所需要的东西比我们实际拥有的要多得多——比如勇气、诚实、力量、荣誉感、正义感，等等。"

诚然，现在的大学教育有很多不完美的地方，但是我并不想否定大学教育的意义。而且我相信——那些用知识充实自己心灵的人更容易取得成功。举目环视，那些在事业上取得巨大成就的人大多数都接受过高等教育，他们占据了社会荣誉的最大份额，对全社会的影响力也日益显著。受过训练的头脑就像技术纯熟的双手一样，这样的头脑自然能比愚蠢和笨拙的人更容易踏上自己的升迁之路，也更容易获得较高的薪酬。我们确实应该去接受更高的教育，但前提条件是：我们不能为教育而教育，从而失去了成功者最重要的品质——敬业、忠诚和勤奋。

对人生而言，即便大学教育也仅仅是教育的开始。大学文凭并不能代表你真的学到了很多东西，它不过是证明了你确实通过了学校所规定的那些课程。如若人生的唯一目标就是攫取更多的财富，那么，无疑地，许多年轻人会得出这样的观点：不接受更高一级的教育也是可以的。可是，假如我们将人生的目标确定在这里——即追求心智的圆融和生活的完满，以及通过自身努力创造更多的价值来造福于社会——那么，大学教育就是不可或缺的。

显而易见，现在的大学教育的确存在种种不足，它们采用的教育方法，对于年轻人提高实践能力并不奏效，也不利于其人格思想的提升。理论和思辨能力往往是用来考察学生的主要指标，思考和观察能力也得到一定程度的训练，但是——对如何提高年轻人的实践能力、如何培养他们的勤奋和敬业的精神以及自动自发的工作态度——却在很大程度上被忽视了，从而年轻人的潜能无法完全发挥出来。这种教育的结果是：当毕业的学子们开始直面具体的工作时，他们无法快速进入工作状态，而是思前想后、犹豫不决。

在现实生活中，人们需要的不光是思考能力，更需要迅捷的行动力和执行力。许多问题不可能等到下周或下个月再解决，而必须今天就解决。这也就是为何刚毕业的大学生们在找第一份工作时总处于相对的劣势。大学生的优势通常要经过相当长的蛰伏期，在他们取得许许多多的实际经验后，这种后劲才能显现出来。

显然，随着工业革命的迅猛发展，年轻人就业的条件已经发生了翻天覆地的变化，优秀人才无事可做的情况已经很少出现了。但是，更好的机遇也激励人们努力提高自己的工作能力和素质，以便自己能够适应更高的工作要求。今天，更广泛的领域需要睿智、优异、学养好、头脑冷静、拥有卓越经营理念的年轻人。时代在进步，人类工作的领域也将不断地扩大，可是，对于那些缺乏职业精神的大学毕业生来说，通往成功的路将越来越窄。

人生在世，每一种正当的职业都可能使人从中受益匪浅，然而，系统的知识学习会让你获得一种超越自我的力量、会帮助你在未来的职业生涯中获得更显著的进步。在一个年轻人职业生涯的早期阶段，他对于没上大学这件事往往并没有很强烈的失落感，也不认为自己真的失去了什么。如果他十七岁进入一家工厂或者商店工作，而他的朋友同一年上了大学，那么，当他二十一岁时，就会觉得自己在应对单位的实务方面要比大学刚毕业的朋友强得多。但是，五年或者十年后，你就会发现，受过大学教育系统知识训练的人工作起来更得心应手、更自信，从而提升得也更快。也就是说，大学教育可以提高年轻人的综合素质，如果素质很好地转化为能力，将会使他终身受益。

一位智慧的作家说过这样的话：“我认为，大学阶段被称为‘教育’，其实是一种恭维的说法。大学阶段其实还不是真正的教育，准确地说它仅仅是教育的开始。它是一个基础。或许是一个很好的打基础的阶段，但大学教育的真正目标是：让学生通过自己的努力，勾勒今后人生走向的大格局。有一个容易为人们所忽视的事实是：大学所教授的不过是各门科学或艺术的初级知识。大学课程仅仅是为人们做进一步的学术研究做准备，而不是全面教育一个人。毕业证书并不能代表你真的博学多才——它仅仅是证明你已经修完了学校所规定的课程。”

大学基本上就是一个思维的训练场，它评估一个人的能力，教会你如何去思考问题。当然，在其他条件相同的情况下，如果今后去做一个商人，大学生比受教育程度偏低的人将更具优势。可是，从另一方面来看，几乎没有一个大学生后来的成功是直接得益于学校教育，从大学教育所得的收益是间接得来的，前面扎实的基础再加上他毕业后的努力，让他成功。在大学里，一个老师所能教给你的最好的东西是如何学习。从你走出学校大门的那一刻起，你就应该停止搬弄那些不能令你完全满意的书本知识，而去寻找那些能够真正满足自己新需要的东西。

# 十七、 活在未来的笨想法

有一个问题经常被问到："在毕业典礼上致告别辞的人和朗读诗歌的人现在变得怎么样了？"

我可以给一些关于这两类被询问的人的信息。我们班上在毕业典礼上致告别辞的人现在是西格尔库珀公司最刻苦的巡视员，而我则是我们班上原来在毕业典礼上朗读诗歌的人。我们两个都把我们的目光锁定在目标上。我们站在起点，面朝着我们准备进入的世界，抓住它的尾巴，随心所欲。

我们把目光锁定在目标上，这或许比达到目标还要更好一些。

把目光锁定在目标上有时也是一种荒谬的行为，我们费尽眼力，把注意力从工作中转移，失去了我们现有的东西。

想着目标就如同在脑海中长途跋涉，并且会觉得距离长得可怕。我们的头脑太简单了——我们用非常有限的智力来处理问题，费尽心思去寻求遥不可及的东西，最后无助地被困于西格尔库珀公司。

当然，西格尔库珀公司也不错，但关键是：这不是目标。

没有人知道目标是什么——我们都在被密封的命令下行驶。

今天你在工作吗？做最好的自己，每天都好好过——一个人如此生活，那么他就仍然保存着足够的能量——而不是把自己依附于结着像蜘蛛那样细微的太脆弱、太轻薄的梦想的可能性之中——不然的话，我们很可能会被无情的命运之神摧毁。

今天做好你的工作，肯定是在为将来一些更好的事情做准备。过去已经永远离我们而去，未来我们很难把握，我们所拥有的只是孤零零的当下。每天好好地工作都是在为将来的各种职责做准备。

活在当下——日子在这里，时间就是现在。

只有一事值得祈祷——那就是：希望高悬于我们不断成长的道路上。

# 十八、同情心、学识与理智

若想成为一位绅士，同情心、学识与理智是三个不可或缺的要素，我根据它们的价值这样排定顺序。没有同情心便不可能成其伟大，要知道一个人将来会有多大成就，看他有多少悲悯之心即可。同情心总是与想象力形影不离，你必须打开心扉去包容所有人，把他们想象成你自己，无论其高矮、贫富、好坏、明智还是愚蠢、是否有良好的学识，将他们全部纳入你的身心。同情心，它是秘密的试金石，是全部知识的关键词，是打开心扉的不二锁匙。将自己代入他人中去，你才能知道他这样想或这样做终有他的缘由；将自己代入他人中去，你所有责备的言语都将消解成同情，所有爬上你脸颊的泪痕也将抹去他们的罪行。总之，有悲悯之心才能成为世界的救星。

但同情心也须有学识相伴才行，不然，感情就会过分脆弱，悲悯就会分不清主体。学识在实际中的投射即是智慧，而智慧意味着具备分析与辨别的能力。你须靠着智慧，分清何者为大、何者是小，何者有价值、何者不过是鸡毛蒜皮。譬如悲剧与喜剧，你须知道，喜剧充其量只是逗我们发笑，博君一笑耳；真正伟大的，永是那能够激起悲悯、继而洗涤心灵的伟大悲剧。

理智与镇定是一种力量，一种用以统筹你悲悯之心与学识的力量。除非你能靠着理智控制你的情绪，否则它们将恣意流走，顺便也将你陷在泥沼之中。你虽已拥有同情心，但千万记住不要放纵，否则，它的价值将会大打折扣，它也会违背你的本意成为一种软弱的宣告。君不见每一间专为紧张不安开设的诊所里，都充斥着这种失控所致的无序与混乱。若你只拥有同情心，却不懂得用理智去引导，你生命的价值多半也会减少。

理智与镇定，它总是表现在语音语调里而非具体言语里，在思维意识里而非行为活动里，在气场氛围里而非目的性的生活里，它是一种精神的力量，可感而不可名状。它不是身体的尺码，也不是躯体的姿势，更不是肉体的修饰、漂亮的展览仪式：它是一种精神性的存在，一种深谙怎样的动机才是合理的状态。归根结底，它是一门庞大而渊博的学问，分枝众多，宽广无限，引领着所有让生活更美好的科学。我曾经遇到过一个人，他很丑，近似侏儒，但他身上却凝聚着极强的人格魅力，那就是理智与镇定，所以每每看到他从门口走过，大家的目光就会被他的风采吸引。撇开理智与镇定而让悲悯之心放纵，无异于生命力的无价值损耗。节流是一种智慧，保存更是必不可少。

当然，理智与镇定是需悲悯之心与学识的支撑的。单纯地培养理智与镇定，而不去顾及培育同情心与学识，与做广播体操也没有多大差异，是可笑而荒谬的，这种人眼中的科学，不过是动动手脚那样的简单。他们忽视了最重要的一点：理智与镇定是一种精神性的存在，是用你的心灵去规约你的态度，是用你的精神去控制你的肉体。

学识可以通过亲近自然去获取，自然会永远施恩于它所创造的个体。同情心与学识从来都是用来实践的：你获得它们、你奉献它们、你积累它们、你使用它们。因为明智的人永远知晓，对于精神层面的性格而言，只有你肯放手，你才可能得到与重新得到。那么，释放你的光芒吧，只有释放了、照耀了，光芒才成其为光芒，就像运用你的智慧可以带来智慧一样。就这样，一直到最后，哪怕原先学识只有一点，同情心只有一分，你也将会逐步变得自我克制与谦卑，最后收获理智与镇定。完美男士，你必修悲悯、学识与理智、镇定。

# 十九、外来者

当我是一个农场小伙子的时候，我发现每当我们买到一头新母牛，并把它放到农场上由牧人们驯养时，一个普遍的情况是：新母牛到农场后，母牛群的生活令它认为它似乎已经到达了地狱。母牛们会群起而攻之，它东躲西藏，而牧人们会牵住它，让它离开盐碱地，或把它从水边赶走。

马的情况和母牛类似。我记得有一头小黑母马，当时我们经常和它一起从一个农场迁移到另一个农场，当它回到牧人的马群中时我们正好看到，并听到它的马蹄在其他马的肋骨上踢出响亮的声音，因为其他的马把它围在中间欺负它。

人是动物，在这方面和母牛、马的情况差不多，会显现出相似的倾向。在一个组织里，新成员的加入往往会引起小小的带着愤恨的惊慌，特别是当新成员有一定权力的时候。即使在学校，新老师也要以一定方式去克服他必然会碰到的跟他对立的情况。

在一个伐木场，新成员会努力把工作做得很好以便作为他工作的起步。但是在一个银行机构或是铁路部门上班，像在伐木场那样是做不到的。所以刚进入新的工作环境后最好的办法是先隐忍，然后找机会在一个引人关注的事务中不同寻常地脱颖而出。在任何事件中，一个人地位越高，他碰到不如意的情况也越多，直到渐渐地，时间的流逝使大家的交往方式变得更舒畅，出现了新的争论让人们去批评、反对、愤恨。于是他被忽视了，或是他有十足的权力可以威慑所有出现的状况。

对于重大的事业发展来说一条普遍的规则是引进新成员。你必须和整个行业同步。如果你落在后面，你就会被剔除出去，变成被俘者，就像狼群潜伏在草原上等待着生病的母牛。

为了保持你在自己领域的进展，你必须去找新的方法、新的灵感并关注、抓住别人已经创造发现的最好的东西。

如今，美利坚的铁路已经全部组合在一起，它们的设备或运行方式基本相同。如果不是因为全国各地在人员和思路方面的频繁沟通交流，一些地方的铁路估计还在使用连杆和轴钉，还在用1869年式样的火车头。

铁路系统中明白这个道理的领导人会一直关注他身边优秀的人，并提升那些不断做出贡献的成员；同时，他偶尔也会从外面聘请到一个强人，并把新雇请的人提升得比其他人都快。

一个又一个公司的发展，得益于它们雇请了新的成员。

# 二十、一个人的力量

对成功的每一个关注都是源于个人的力量。合作，从技术上讲，只是一个闪光的梦想。是人使合作实现，是人的意志巩固了合作。

但是如果找到这个人，并取得他的信任，然后你会从他疲惫的眼睛中感受到他内心的呼喊：“哦，来人帮我分担这些负担吧！”这种呼唤声会在你的耳朵中不断回响。

接着他会告诉你：他有多么地求才若渴，他在寻找能够帮助他的人时遭受到了多少的失望和挫折——而他本是能够给予那些人机会让他们成就自我的。

能力是一个迫切的需要。公司老板为有能力的潜在员工准备了足够的钱（都存在银行里），但到处是找工作的人。收获的时机已经成熟，但是那些能够指挥闲置资源和利用资金的人才却很稀缺，非常稀缺。每个城市都有空缺的职位，能提供一年五千到一万美元待遇的岗位有不少。然而，应聘者只想找一个星期十五美元的工作。为真正有能力的人提供的位置早已准备好了。的确，能力是个很珍贵的东西。

但是，这里存在着比能力更稀缺、更久远、更珍贵的品质：那就是发现有才之士的能力。

对于雇主这一阶层来说，最有说服力的是：有能力的人成功地展示了他们自己的价值，而不是依靠他老板的帮助和激励。

如果你了解到那些有才之士的生活，你会知道他们发现自身的能力无一例外是通过偶然或意外事故。如果失去了因意外事故而产生的机会，他们可能就会一直默默无闻，事实上就会被世界遗忘。汤姆·波特曾是个不起眼的小型中转站的电信操作员。在一个恐怖的晚上，当一列客运火车穿过桥时，无数的电线瘫倒下来，这却给了汤姆·波特一个发现自己的机会。在负责人到达现场之前，他清理死者、照顾伤员。为处理 50 桩索赔，他帮公司起草文件。最后，他焚毁了残骸的遗留，把废铁投入河里，并修复了桥梁。

“谁给了你权力去做这些?”负责人询问。

“没有人，”汤姆回答说，“我承担这个责任。”

接下来的一个月，汤姆·波特的收入变成了一年五千美元，而且在之后的三年里他的工资连续涨了十倍，这些改变仅仅是因为他能领导其他人。

为什么要等到一个意外才去发现汤姆·波特？不如让我们设好陷阱，再埋伏好来等着他。

可能汤姆·波特就在街角，在街对面，在隔壁房间，或近在身边。无数个处在胚胎阶段的汤姆·波特正等着被发现、被发展——只要我们去寻找他们！

假设我们停止哀叹自己无能、表情冷漠或用看手表来敷衍——这些糟糕的事情当然存在，让我们先承担下来并着手处理。这里有一些可以援引的例子：那些从东西部荒蛮地方出来的长满雀斑的农村男孩遇事常常冲到最前方，而且做事很巧妙。历史上就有一个非常引人注目的名字，尽管已经过去了两千五百多年，但依然像一盏指路明灯，只是因为这个人有发现人才的卓越天赋。这个人就是伯利克里。伟大的伯利克里成就了雅典。

今天，雅典布满灰尘的街道正在仔细搜寻文物古迹，而当年成就这一切的人才就是被伯利克里发现的。

其实在发现人才的过程中并不存在多大竞争。我们尽可以呆坐着哀诉，但人才不会自动出现。让我们思考：人才为何物？如果有可能的话，我们都应该去遵循伯利克里所走过的路——这个具有慧眼识珠的本领的人已经在那里站立了二十几个世纪。为你喝彩，伯利克里；为你喝彩，这伟大的先知先觉者，这个最早能辨识千里马的伯乐。

# 二十一、 精神态度

成功是天生的。有的人，命运永远也不能阻碍他们，他们满怀信心地大步前行，获得地球上最好的东西。但是他们的成功不是通过塞缪尔·斯迈尔斯的方式——康涅狄格州政策实现的。他们不会停留在等待、密谋、奉承或是迎合大众的口味之中。他们才思敏捷，能够感觉到对他们有利的东西，而当它来临，他们又仅仅是欣赏它，不等候地继续稳步前行。

多么健康啊！你每次出门的时候，总是收紧下巴、高昂着头、深呼吸、沐浴阳光，和朋友们微笑着打招呼、用心地握手。

不怕被人误解，不为对手浪费时间。坚定地专注于你想做的东西，心无旁骛，这样你会朝目标径直走去。

我们在恐惧的岩石上分裂，船在憎恶的沙洲上搁浅。当我们变得害怕的时候，我们的判断就不再可靠，如同载满铁矿石的船上的指南针；当我们憎恨的时候，就像卸下了船上的舵；如果我们去想那些闲话，那么就像让绳索纠缠螺旋桨。

专注于你想做的重大的、杰出的事情，那么，随着时间的流逝，你会发现你在不知不觉之中已经把握了能够帮你实现愿望的机遇，就像珊瑚虫从流动的洋流中获取它需要的养料。在你的脑海中描绘你渴望成为的能干的、真挚的、有用的人吧，这种想法会不停地把你转变为你崇拜的人。

思考是最重要的，思考往往比行动更好。

保持一种正确的精神态度——勇气、诚实和喜悦。

达尔文和斯宾塞曾经说过这是造物的方法。每一种动物都在进化中长出了它需要和渴望的器官。马儿跑得很快，因为它想要这样；鸟儿飞翔，因为它希望如此；鸭子长了蹼脚，因为它想要游泳。所有的东西都是通过愿望产生的，每一个虔诚的人都会得到回应。而我们也成了我们想要成为的人。

许多人都知道这一点，但是他们洞悉得不够彻底，所以他们的人生要经受磨炼。我们需要朋友，所以我们有计划地追逐强势的人，等待优秀的人——或者自称是优秀的人，希望能够依赖他们。获得朋友的方式只有一个，在你开始一段友情之前你必须先适应没有友情的日子。这就是说，你得自力更生，管好你自己，然后用你剩余的精力来帮助别人。

一个人如果渴望友情，并且要求多一些的自我意识，那么他将永远不会缺少朋友。

如果你有朋友，请与孤独为友，而不是与群体。在新鲜空气中呼吸；在阳光中沐浴；在寂静的夜晚，在星空下一遍又一遍地对自己说：“我是我视线的一部分！”随之而来的感觉是你不只是天地之间的生物，而且是世界整体的一部分。你不会受到伤害，除非所有的人都受到伤害；你不会坠落，除非世界毁灭。

像老约伯一样，我们所畏惧的东西必然要降临到我们身上。错误的精神态度会让我们在观念中认为一些事情必然以悲剧告终。在中年死于疾病的人毫无例外都是那些准备死亡的人。最大的悲剧仅仅是精神状态的长期结果——是一系列事件的高潮。

# 二十二、人的精神

可能我完全错了，可我还是相信，人类的精神会在一个更完美的世界重生。费内伦说过：“正义要求生命重新开始，来改善现在的种种不公。”天文学家在他们发现星体之前就预言它们的存在。他们知道这些星体应该在哪，将望远镜对着那个方向慢慢等待，相信一定会发现它们。

事实上，没有人能想象出比这个地球更美的东西。原因很简单，我们不能想象出没见过的东西。我们可以重新组合，但是每个部分都是我们熟悉的。这个巨大的绿色星球是如此美丽。我们都是它的一部分，它支撑着我们的身体，我们跳起来一定会落下来，就像还债一样。

但人的精神不完全在这里。在灵魂和智慧的成长过程中，我们一次又一次听到一个声音说："起来去罢，这里不是你休息的地方。"精神越伟大、高尚、崇高，就越容易感到不满足。不满产生于各种原因，所以不能总说不满的人的心灵是纯洁的。但事实是聪明的人都明白对世界不满的原因。你越是了解生活、感激生活，你就越明白生活不仅仅如此。你把头躺在地球母亲的怀抱里，听它心脏的跳动，就算你感到它的爱，你的喜悦里也有一半是痛苦，你感受到的快乐让你受伤。看看各种极致的美丽，比如海上的日落、草原上暴风的到来或者山脉的壮丽，你会感到伤感，孤独油然而生。有各种不满意的人生事件：许多人类被同伴侵犯而丧失了自由、文明被细菌侵蚀、自然环境的破坏让我们陷入了喧闹，这些都是真的，但是超越这一切来看，却是地球没有足够的自然条件来让那些疲惫的灵魂感到平静。拥有最少的人是幸福的。关于受伤国王和衣衫褴褛的乞丐的预言揭示了真理。智者轻轻地承受俗世的束缚，他们准备着为来世脱去这些束缚。

对世界的厌倦只是为追求更好精神条件的一种欲望。关于世界的痛苦有很多要说，讲清这个话题可能需要写一本书。对于任何一个话题我都不会下一个定论。各位读者都有权通过这些例子来对这个话题作总结。

事实证明厌世只是一种欲望。所有的欲望都是合适正当的。欲望得到满足的方式是我们的需要得到满足。

欲望不仅仅使我们去寻找我们需要的东西，也是吸引的一种形式，通过这种吸引，所需的东西来到我们身边，就像变形虫在水里制造出一个漩涡，使食物到达它们能够到的地方。

每一种欲望都有一个固定、明确的目的，并且有它适当的满足方式。如果我们渴望和某个人建立亲密的友谊，是因为那个人具有我们不具备、但会使我们感到舒服的精神品质。

欲求是否让我们占有了自己的欲望？压抑自己的欲望让我们升华，同时我们也把自己的某些品质赠予了他人，在这一过程中我们的品质没有变得比以前更少，因为精神是无限的。自然界的一切都是精神的符号，所以我不得不相信人在内在精神上对于过去的神秘观念有一种依恋——这种欲望必须得到一定程度的满足。

挪威人的瓦尔哈拉殿堂、印度人的涅槃、基督教的天堂都是那些关心这个世界并感到失落的人对来生的渴望。在现世，他们的这种关切和失落感会被压抑，所以他们相信雷神、梵天、上帝会在来世给他们补偿。

永恒的和谐需要男人和女人被允许相爱而不感到悲伤。在这种和谐里没有令人厌恶的暴政，心也不会因暴政而焚化为灰烬。

# 二十三、 爱情和信任

没有一个女人在结婚那天不是完全迷失并且沉浸在爱情和信任的氛围中的。这种男女关系中有一种极大的恐惧感占据了她的内心：她是否在做交易。

女人“服从”男人不应该比男人服从女人更多。幸福的婚姻有六大要点：第一是信任，剩下的五个是自信。没有哪种行为能比女人信任男人更能够恭维他，同样，没有哪种行为能比男人信任女人更能够让她愉快。

服从？天哪！是的，如果我爱一个女人，我会全身心地服从她的哪怕是极小的心愿。然而除非她追求美丽、真实和正义，否则我又怎么会爱上她呢？为了让她明白这一点，她的心愿对我来说将是一个可怕的命令，她的态度对我来说也是一样的。我们之间的唯一的竞争是谁最爱对方，服从的愿望成了我们生活中主导的动力。

我们给予自由然后获得自由，给予信任的人同样作为回报将获得信任。那些利用爱情来做交易和协定的人将要失败。

如果一个女人不再过结婚纪念日，并且去除“服从”这个词，那么她等于是播下猜疑和不信任的种子，并将导致上法庭闹离婚的恶果。

为了房子和财产讨价还价或争吵通常将导致“血色”的婚姻，“金钱”往往是被人忽视的警示，不幸、心痛、受罚和耻辱在等待着当事人。

完全的信任意味着完美的爱情，完美的爱情驱赶畏惧。导致女人为某一个词喋喋不休的原因是对欺骗的畏惧和潜在的支配欲望，这是缺乏爱的、有缺陷的和不宽容的。获得完美爱情的代价是绝对的、完全的屈从。

对爱情的付出有所保留会让你和末日女人们共享同样的命运，你的世界末日将快速、必然地到来。要想赢得一切我们必须给予一切。

# 二十四、 排他的友谊

我认识的一位卓越的绅士曾说：“当百分之五十一的投票者认同合作、反对竞争时，理想社会将不再是理论，而将成为现实。”

人们为人类的共同利益而奋斗，这一概念很美好，我也坚信这一天终将到来。但是，仅仅凭借百分之五十一的人来对社会主义投支持票，是不足以成事的。

投票只是情感的表达，然而在投票之后，仍有许多实际的工作要做。一年当中，一个人可能在投票时选对了，可剩下的时间中都表现得愚蠢透顶。

有一些社会主义者充满着怨恨、争斗、内部纠纷、彼此妒忌，他们的举动促使了反对派的形成，后者约束了他们及其与他同样的人。存有反对派是合理的，因为即使是一个极不完善的社会，也不得不防止自身瓦解或者情况恶化。只要竞争的思想还在流行，直接采用垄断并利用垄断资源为社会做贡献的方式就很难施行，并且也不可能让人满意。

如果私心私欲仍是在人类意识中占据主导，那么人类必然会恐惧并憎恶他人。私心不消除，即便到了社会主义社会，人们依然会为了地位与权力你争我夺，这与我们当今的政治毫无差别。

如果不先对社会个体成员进行改造，那么社会本身不可能得到改进。人类必须重生。只有当那百分之五十一的投票者掌控了自己的灵魂，并将现有的嫉妒、苦恼、怨恨、恐惧，以及那愚蠢的骄傲中的百分之五十一彻底丢弃，社会主义才会真正降临。非如此不可。

这个论题大得一言难尽，为了让我自己满意，我在这里就强调一点，据我所知这件事还没有在其他书中提及过，那就是同性间排他的友谊对社会的威胁。两个相同性别的人不能互补，也不能提升对方或使彼此受益。通常他们只能损害彼此的精神状况。当两个男人开始“告诉彼此所有事情”，那说明他们正在步入衰老。我们知道，在实体物质，例如一块坚硬的钢铁当中，分子间是从不接触的。它们从不抛弃个性。我们都是具有灵性的分子，不应该放弃个性。做你自己，别让自己离不开别人——如果你和朋友保持一点儿距离，对方会更看重你。最好的友谊是不被使用的，正如荣誉一样。

我可以理解，一个强有力的男人可能对一千个男人怀有强烈的持久的爱慕，并叫着他们的名字。但我不明白，他如何才可能在有偏心的情况下保持心理平衡。

让一个男人和你足够亲密，他会像个溺水之人似的攥紧你，直到两人都溺毙。在亲密而排他的友谊中，男人分享彼此的弱点。

在商店和工厂中，男人们拥有密友的情况很普遍。这些男人牵涉到对方的麻烦里，却得不到什么回报，只是彼此同情、彼此安慰。

他们结合并彼此支持。他们的友谊是排他的，别人也能看得出来。嫉妒悄悄潜入，怀疑开始发芽，仇恨在墙角潜伏，这些男人在对某些人和事的共同厌恶中结合。他们彼此煽动，他们的同情心冲淡了理智——他们在辨别问题的同时，它们变成了真正的麻烦。事情变得模糊，价值观念也因此失去。把别人假想成敌人的时候，他就真的成了敌人。

很快的，随着另一些人加入，一个小团体就形成了。小团体中存在变质的友谊。

小团体会发展成派系，进而变成为党羽，这样很快就会聚集一群暴徒，这群失去方向的人盲目、愚蠢、疯狂、喧噪、势不可当。在这样的群体中没有个体个性可言，所有人意见一致，独立性依然失却。

党羽并没有建立的根基——这根本是个错误——很可能仅仅出于一个愚蠢的朋友的煽动！并且党羽很可能进而变成为暴徒。

稍微对公众生活有所了解的人都会注意到，小团体就像是不停分裂的病菌，并且往往是从两个相同性别的人之间排他的友情开始的。他们告诉彼此，别人在背后是如何说对方的坏话，算作替对方“警惕”。小心排他的友情！尊重所有人，并试图去发掘他人的优点。只与那些好交际的、聪慧的、明智的人结交，这是个谬误。去结交那些平凡的、愚蠢的、未开化的人吧，这样能锻炼你自己，变得更加机敏与智慧。你因付出而成长，毫无偏好，你无须一味追随朋友，与他保持距离一样能让你留存住友谊。

尊重他人——但是要自然，并且保持距离。做一个神圣的分子。

做你自己，也给你的朋友做他自己的机会。这样对他有利，而你也能成为获利者。

最好的友谊是建立在那些能够离开对方的人之间的。

当然，也存在排他友情发展成伟大的爱的例子，但它们的罕见程度甚至可以用来证明：作为只有普通能力和才智的人建立排他友谊是极其不明智的。或许有很少一部分人，其伟大程度足以使他们在历史上留有一席之地，只有他们才能建立大卫和乔纳森那样的排他友情，并且仍能保持良好意愿。但我们大多数人，只会产生怨恨与冲突。

在社会主义的美梦中，每个人都应当为了共同利益而努力。只有当百分之五十一的成年人放弃排他友谊，社会主义才可能降临。在那一天来临之前，你仍会见到小团体、大集团、派系、党羽，时不时还有暴徒。

不要依靠他人，也不要让他人依靠你。理想社会将由理想的个体组成。做个男人，做每一个人的朋友。

排他的爱是个错误。当被独占的时候，爱就死去了——爱因为付出而成长。爱是超越理性的，你的敌人只是误解你的人——你何不超越迷雾，认识他的错误，并且因为你在他身上发现的优点而尊重他呢？

# 二十五、和大自然的联盟

我父亲是医生，行医六十五年了，至今依然不辍。

我自己也是医生。

我五十岁，我父亲八十五岁。我们住在同一个房子里，每天我们一起骑马或者去野外、森林远足。今天我们徒步走了五公里，然后穿过乡村回来了。

我从未生过病——从来没有以专业的形式咨询过医生，事实上，我从未因为没有胃口而错过一顿饭。至于《把信送给加西亚》的作者，他认为有个偏方很神秘，即滚烫的佩达卢瓦（一种草药）和少量的啤酒花茶能够治愈大多数可医治的小毛病，有一个最佳的证据是，迄今为止他所有的病痛都被治愈了。

佩达卢瓦的价值在于它能够使循环趋向平衡，更别说它有利于解决卫生问题了；啤酒花的效力很大部分上在于它们让服用者觉得苦涩、不愉快。

两个处方都给人以慰藉，让病人觉得已经对自己的病症采取了措施，（处方本身无毒）最坏的后果也不会对他们造成严重伤害。

父亲与我对生命的看法并不总能达成一致，我们从不以折中的方式解决分歧。他是一个浸信会教友，我是一个素食主义者。有时他会说我是一个不成熟的青年。我们每天都会以各种逻辑批判来反驳对方的偏见，历史成果被搜索来支撑各自的预见，但是在以下这些观点上，我们坚定不移地站在一起，就像合二为一。

第一，百分之九十九的去看医生的人没有器官疾病，仅仅只是自己意念中的病症。

第二，那些患病的人，百分之九十遭受的仅仅是来自药物作用的恶性累积。

第三，我们得出这样一个命题：大多数的疾病是药物导致的——那些医生指定的用来减轻“病症”的药物，而那些“病症”却是有益的，这些警告症状很大程度上源于智慧的自然。

过去，医生的大多数工作是为症状开处方；一般人都不知道真正的疾病与普通症状的区别。

最让人好奇的是，在这些点上，所有的医生都是完全赞同的。我这里说的仅仅是不言而喻、陈腐老套、司空见惯的道理。

上个星期在布法罗与一个著名外科医生交谈的时候，他说：

“我做过上千个剖腹手术，我的记录显示，除了那些医疗事故，每一次手术后每个被手术者都存在我们所谓的‘比彻姆习性’(一种后遗症)。”

你看到的在候诊室里的人们，很大一部分遭受着因食物过量而导致的中毒。伴随而来的恶果是呼吸不畅、不规律的睡眠、锻炼的缺乏和兴奋剂的使用不当，或者是承受着恐惧、嫉妒和厌恶的心理病症。所有这些，或者是其中的任一点，在很多人身上，导致发烧、风寒、脚冰冷、充血和排泄不利。

对于一个由于希望“恢复适宜状态”和缺乏新鲜空气而导致营养不良的人来说，我开出的处方简单地说就是——调节他的困扰、转移他对疾病的关注、让他理性地对待乙醚。

大自然总是试着让人保持健康，大多数情况下被称为“疾病”的这个词意味着缺少休闲、缺乏自我控制——一般的病是易于自我治愈的。如果你胃口很好，请不要吃得太多；如果你没有食欲，就尽量吃一点。对所有的事情最好能做到适度，珍惜清新的空气和明媚的阳光。

《传道书》的主题之一是适度（moderation）。佛陀说：在所有的语言中最美好的词是平和（equanimity）。威廉·莫里斯说人生最好的祝福是有体系的、有益的工作（work）。圣保罗曾宣告世界上最伟大的东西是爱（love）。适度＋平和＋工作＋爱＝你不再需要其他的内科医生了。

我阐述了一个被所有医学家认可的命题。医学之父希波克拉底曾表述过这个观点，之后这个观点被奴隶出身的爱比克泰德以更好的语句对他的学生（伟大的罗马皇帝马可·奥勒留）陈述过，从那以后，这个观点被理智的人广泛接受：适度、平和、工作和爱。

# 二十六、祈祷者

在我的心中，至上的祈祷者不一定是有学识的、富有的、出名的、有力量的，或者优秀的——他仅仅是精神焕发的。我渴望表现出健康、愉快、镇定的勇气和坚强的意志。我希望不要活在仇恨、冲动、嫉妒、恐惧之中。我希望自己简单、诚实、直率、自然，保持思想和身体的纯洁，不被俗念所影响，随时准备说“我不知道”，如果做到这些，那么我对待所有的人将绝对的平等，遇到阻碍和困难的时候不窘迫也不畏惧。

我希望每个人都有属于自己的生活，活得尽兴、充实。为此，我祈祷我永远不会干扰、妨碍、命令他人，给他人不需要的忠告，或者在他人不需要的时候给予帮助。如果我能帮助人们，我会给他们自己帮助自己的机会；如果我试着去激励人们，我会用这样的方式——给出例子、参考和建议——而不是强制和命令。我也尝试自己激励自己——那便是——我渴望自己精神焕发，以便照亮他人的生活。

# 附　录

# 一、阿尔伯特·哈伯德传

《把信送给加西亚》的作者阿尔伯特·哈伯德，在他那个时代就已经是一个众人皆知的作家和演说家了，同时他也是一个著名的出版商。在十九世纪末，他就开始收集手工制作的图书，同时作为威廉·莫里斯的敬慕者，他还是最初几个在美国支持当时的所谓“艺术家运动”的名士之一。

1892年，年仅三十六岁的阿尔伯特·哈伯德辞去了原来的工作——当时的他已经是纽约州布法罗市拉津肥皂公司的销售主任兼股东。但他志在开始一份新的事业——从事写作。1893年1月，他离开了在东奥罗拉（布法罗市郊）的家，和他的妻子、妹妹一同前往波士顿学习文学专业的基础知识。在将近两年的时间里，他一边在阿瑞娜出版公司工作，一边在哈佛上课学习。1894

年，他在英格兰度过夏季之后，回到了家乡。

不久，哈伯德宣布自己将成为一位职业的出版商和作家。1894 年 12 月，哈伯德的《细游记》第一期在东奥罗拉印制发行了，由哈伯德自费完成，因为他在之前寻找出版商的过程中遭到很多阻拦。1895 年 9 月，纽约的 G. P. 帕特南父子出版社开始正式地以月刊的形式出版发行哈伯德的《细游记》。1895 年 6 月，哈伯德开始出版一种新的小型杂志《腓力斯人》，也在东奥罗拉印制。第一期杂志共印制了两千五百份，内容包括哈伯德写的一篇关于“英国纪念碑”的文章，一些短诗，以及哈伯德和他的朋友们所做的评论文章。杂志中还打出了一些广告：《细游记》即将面市。并且为另一本在1895年发行的杂志《小摆设》做促销，这本杂志由缅因州波特兰市的托马斯·莫希尔主编。

十九世纪九十年代的美国，小杂志在外形美观上的讲究可与其在文学性上的追求相媲美。赫伯特·思道特·思道恩于1894年5 月在芝加哥首先创办了这种类型的杂志——“The Chap Book”。其插图是由著名的年轻艺术家作的，包括克劳德·布莱登（他参加了哈伯德于 1895 年 12 月在布法罗为了纪念斯蒂芬·克兰而举办的晚宴）、约翰·斯隆、弗兰克·哈则布朗格及英国的艺术家查尔斯·利克次和奥伯利·伯次利。思道恩发现了威尔·H. 布莱德利，布莱德利后来成为美国最棒的新艺术主义画家。《云雀》于 1895 年 5 月在旧金山出版，以吉略特·伯格斯的无意识风格为特征，包括“紫色的母牛”、“笨蛋”，以及弗洛伦斯·朗伯格和恩斯特·佩肖托的设计。托马斯·莫希尔的《小摆设》出现在 1895 年 1 月，它是为书籍爱好者而出版的——细心的印刷、精美的书页，弥补了插图的缺乏，这个优点在《腓力斯人》第一期中被热情洋溢地赞叹："每个月这本精美期刊的到来如同炎炎夏日里冲浪时的海水，令人耳目一新。"

《腓力斯人》的第一期，就像《小摆设》一样没有艺术性的修饰。在 1895 年 10 月，当哈伯德第一次使用染色加工纸作为封面用纸时，封底出现的第一幅图画是对一个不知其名的"吉卜森女郎"（美国设计师吉卜森设计的服饰模特）的戏仿。接下来的一期在同样的地方出现了一个"新艺术主义"女孩——她有着长长的瀑布般的头发，像是在自行车上的"新高德娃"（高德娃夫人是十一世纪欧洲著名的高贵女士）。这个尝试没有继续下去，直到威廉·W. 丹斯娄能够为《腓力斯人》的封底每月提供卡通图画。作为一个期刊，书页中竟然没有插图。

在 1885 年 12 月，塞维尔·柯林斯为这个杂志设计了一个海报，这个海报以三种颜色打印。它在《腓力斯人》杂志的这一期上作为封底被推出，它被认为是"在绘图和色彩方面具有十足的艺术力，在少数年度着实出色的海报中据有一席之地"。它是十九世纪九十年代中期源于美国的"新艺术主义设计"中的最出色的作品之一。

1896 年 1 月，罗伊克罗斯特出版社出炉了第一本书，即《雅歌》的再版。阿尔伯特·哈伯德为此作序，该版由第一个罗伊克罗斯特印刷工 H. P. 塔伯在手工纸张上手工印刷了六百册。版本后记中有这样的话："因此，在这里，给这本杰出的作品画上句号……仿效威尼斯式样印刷，由罗伊克罗斯特出版社出版，在东奥罗拉、纽约。”除了罗伊克罗斯特的标志外，唯一的装饰是每页的修饰性的词首字母，在某种意义上这更是罗斯金和莫里斯的风格而不是威尼斯式的。这大概是塞缪尔·华纳的设计，华纳是哈伯德聘请的第一个有专业素养的艺术家。

华纳，绰号“美国兵艺术家”，曾在伦敦学习，是皇家艺术学会成员，于1895年访问东奥罗拉一天。在哈伯德的劝说下他留下来工作了五年。他同时还给哈伯德的第一任妻子贝莎及几个被认为知书达理、前程似锦的当地年轻女士上课。他是一个年仅二十来岁的年轻人，在某些方面他和哈伯德气味相投：他们喜欢由威廉·莫里斯的柯姆史考特出版社出的装帧漂亮的书籍并能辨析它们的真伪。华纳引进了卡斯龙的设计类型，该类型在斯普林菲尔德（马萨诸塞州）被威尔·布拉德利的路边出版社同时复兴使用。他的工作主要包括版本设计、页面安排、边缘装饰和首字母设计。他坚守着优秀设计的原则，拥护英国艺术家和工艺设计师们，尤其是华尔德·克兰、刘易斯·戴和威廉·莫里斯。在他的指导下，罗伊克罗斯特出版设计的书籍在色彩、印刷样式及视觉效果方面有了很大的进步，正如我们在罗伊克罗斯特那些再版书那里可以看到的那样——哈伯德给予他完全的信任——尤其表现在丁尼生的《莫德》、罗斯金的《金色的河流》，以及《爱伦·坡诗集》这些书的制作上。在东奥罗拉的五年里，华纳的风格上升为一种新兴的艺术。他的最好也是最后的一部此风格的原创设计是一些为布朗宁的《最后的骑士》创作的书页装饰，这些书页装饰曾被再次运用于格瑞的《挽歌》。

在 1986 年 10 月《腓力斯人》杂志的封底上，出现了一只小海马：显著的威廉·华莱士·丹斯洛风格。在同期杂志中哈伯德宣布罗伊克罗斯特出版社将出版第五本书：《艺术和生活》，作者是弗农·莉（紫佩·吉特的笔名）。同期的内容还有《神职人士》、萧伯纳写的《去教堂》和 J. D. 杨写的《格林的妻子》，其中有些是贝莎·哈伯德和她的年轻女助手给书做的插图，但是《艺术和生活》创造了新的销售记录。第一版只印了三百五十册，其中的前十二册由丹斯洛做特别的装饰。最后这本书出了四版。在作者拥有的第一版的第一本书上题写着："致威廉·W. 丹斯洛先生——来自阿尔伯特·哈伯德的最诚挚的祝福。"文章有才气并且书籍装帧符合艺术的自然标准，成了哈伯德的出版信条。艺术家丹斯洛，成了哈伯德最喜欢的插图画家，丹斯洛则因他为弗兰克·鲍姆的《绿野仙踪》所做的插图而被人们铭记，《绿野仙踪》最早出版于 1900 年。

在威廉·W. 丹斯洛第一次去东奥罗拉的时候，年过四十岁的他已经为芝加哥雕刻公司设计了不少成功的海报。他的风格总的来说既幽默又有新艺术主义风尚。从漫画的讽刺能力看，当时只有英国的马克斯·比尔博姆比得上他。从 1896 年到1900年这四年时间里，丹斯洛花了大部分时间精力在罗伊克罗斯特出版社上，也正是在那段时间罗伊克罗斯特出版社获得了富有眼力的书籍收藏者的认同。到 1900 年，人们普遍认为美国出版的最漂亮的书出自东奥罗拉。

丹斯洛，绰号又叫“海马丹”——那个海马的签名，他用来为不少书设计首字母——伊丽莎白·巴瑞特·勃朗宁写的《葡萄牙人的十四行诗》，丁尼生写的《纪念》和欧文·布朗所著的《书虫的歌谣》。罗伊克罗斯特出版社每年大概出版十本新书，都是限量发行。1899 年丹斯洛为哈伯德的两本再版书——《古代水手》和《欧玛尔·海亚姆的鲁拜集》——做完整的设计和插画。在罗伊克罗斯特年度出版书籍的目录中，《古代水手》一书是“一本独特的书，它是继由贺瑞斯·沃波尔设计、1761 年斯特劳伯里·黑尔出版的经典之作之后又一个出版物的典范。为书籍加上红色的边线并设计首字母——丹斯洛为这本书用插图的方式制作了特殊的缩写，还用十四幅古旧的木版画做装饰”。而对《鲁拜集》作的评价是：它是“用我们工作坊制作的雕花模板来印刷的，此外没有用其他样式来排印这本书。每四行有手制的装饰花边。这本书是相当特别的，有些人喜欢有些人不一定喜欢”。除了这些作品外，“海马丹”还怀着极大的兴致每月为《腓力斯人》的封底画卡通。其中一些现在看起来仍然很有趣和具有当下性，尽管自它们的创作之日起已经过了半个世纪。

在 1898 年哈伯德聘请了第三个艺术家。他说动了一个年轻的雕刻家杰罗姆·康纳斯放弃在马萨诸塞州塞伦区的工作室，然后移居到东奥罗拉去发展一个包括雕刻、铁制品、石头制品和陶瓷的新部门。他接手的第一个任务，即被要求设计和装饰一本书——奥利弗·施赖纳写的《梦想》。哈伯德在 1901 年发行了这本书，当时康纳斯还不到二十四岁。这是在美国出版的一本有关新艺术的典范之作。其风格保持旋风反转曲线的精美样式，很清楚的可以看出风格源自于威尔·布拉德利的绘画，并受到华纳和丹斯洛的影响。

哈伯德的企业特色和名字在1900年发生了改变，由罗伊克罗斯特出版社变成了罗伊克罗斯特产业。《把信送给加西亚》的成功是非凡的：印了四千万册，公司成了旅游景点。《腓力斯人》杂志的发行量增长到了每月二十二万五千册。哈伯德聘请了两百多个人——并且在当年的广告目录中不单有书，甚至还有由零布碎绒制成的地毯——“一种过时的种类——手工编织的结实的罗伊克罗斯特的、耐用的、漂亮的——由在东奥罗拉罗伊克罗斯特的七岁小女孩织成”。在1901年哈伯德进一步扩展了用来销售的物品名单，包括“由真正东奥罗拉泥土制作……并且由圣哲罗姆（早期教会中最雄辩的一位）为模特儿”的雕塑。那里有阿尔伯特·哈伯德、威廉·莫里斯、沃尔特·惠特曼的半身像和浮雕。那里也有用坚硬的橡木手工制作的古老的家具，包括椅子、桌子、书架、长凳和一张“莫里斯椅子”——与莫里斯制作的原本极其接近的摹制品——怪不得有时出版社把哈伯德看作是“美国的威廉·莫里斯”。

尽管在二十世纪最初的十年间“米逊风格”花样不断翻新，而“艺术家运动”也得到了推广，家具业仍然不被认为是一个有利可图的行当。有才华的手工艺人们或者亲手制作自己的家具，或者为古斯塔夫·斯帝克利制作更加广为推销的产品。不久，大急流城（美国密歇根州西南部格兰德河岸城市）的工厂开始大量生产“米逊风格”的部件。哈伯德从来没有放弃他的家具制造，不过，从 1910 年起，他开始推出一批更小而便携并且易于销售的产品。

1909 年起，一整套的手工锻造的青铜装饰品和人工仿制的皮革礼物在东奥罗拉的罗伊克罗斯特商店被制作并分销各地。在罗伊克罗斯特 1914 年的目录清单上，灯具、花瓶、桌套、手提袋、枕头和桌上装饰品都被设计成新艺术主义风格并被赋予了这样的特征：“精选、别致和有独一无二的创造”。担任铜匠的是卡尔·科普，而皮革师则由弗雷德里克·克兰茨担当。哈伯德找到的卡尔·科普是一位特别有趣的工匠——他对结构和表层装饰都根据自己独特的理念进行了大胆创新的设计。

当哈伯德认为有必要为那些对罗伊克罗斯特工业感兴趣的参观者提供一个旅馆来留宿的时候，罗伊克罗斯特人便在1900年至1903 年间设计建造了一座对于美国建筑史有着重大意义的建筑。他们在计划中只是极其简单地设计了一个能容纳九十间商铺的矩形房屋，材料也只是从当地农民那里买到的一美元一车的没有经过切割的天然石材。而旅店需要一个更加精致的结构。哈伯德对建筑师们就像对其他专业人员——如对编辑、评论家、医生一样，有点儿轻视——因此他更依赖于他的幕僚艺术家们：华纳和丹斯洛，让他们来担任他的建筑设计师。一位叫作詹姆士·凯泽的建筑师作为技术方面的负责人在现场指挥。后来，建成的建筑是原定尺寸的两倍。

完工的时候，这座旅店融入了不少芝加哥派的学院风格，同时和赖特的早期作品也有许多相似之处。虽说旅店表现出的芝加哥派建筑风格来自于丹斯洛的参与，但我们也应该注意到一个事实：哈伯德和建筑大师赖特一直是经常见面的好朋友。赖特在布法罗建造过三幢最有名的建筑，都是为哈伯德认识的客户设计的。哈伯德在十多年前就从拉津肥皂公司的新总部辞职，而赖特1904年到那里当建筑师，并在这一年中，为哈伯德在拉津公司的老同事马丁设计了一套房子。马丁最初去拉津公司就是因为哈伯德的介绍，赖特也曾经为马丁写了一本书：《从密苏里峡谷来的男孩》。赫斯是哈伯德的妹夫，他的住所也是由赖特设计的，并且和赖特保持着多年亲密的友谊。这座罗伊克罗斯特的小旅店可能是赖特后来所建的许多房屋的原型，它有着漂亮的周柱廊和外露的椽子，从设计中就可以看出许多特色。安德鲁斯早就注意到了赖特和哈伯德之间的关系，他说："很可能是哈伯德告诉赖特，吸引别人注意力的最简单的方法是留长发和玩滑绳。毕竟，很多人都听到《腓力斯人》编辑部的人在宣扬莫里斯的话：'把你们的头发留长，因为那标志着你的自由。'赖特可能比其他人更留心这番话，因为他和哈伯德都是莫里斯的敬慕者。"

同样有可能的是，如果赖特从来没有认识到哈伯德这位罗伊克罗斯特创始人在东奥罗拉所取得的成就，也许他不会最终成为一个被众多年轻人敬慕的开创者。塔里斯团体的建筑师们已经从大师那里知道了这个行业的秘密——和罗伊克罗斯特的成功有些相似之处。哈伯德曾指出："所有的工作都值得尊重，包括那些脏活。"毫无疑问，如果哈伯德能够活得更长一些而去参观"东塔里斯”，他一定会很高兴看到墙上写着的他的名言，这对来访者陶冶心灵有好处。慕名而来的人聚集在东奥罗拉的小旅店里，亲自瞻仰这个出版社；各个房间没有门牌号，却是以各个时代伟大的名人命名：苏格拉底、爱迪生、乔治·艾略特、贝多芬、莫里斯和苏珊·B. 安东尼等。

尽管在旅馆经营与罗伊克罗斯特产业上均获成功，对于哈伯德而言，图书总是第一位的。十九世纪对罗伊克罗斯特贡献最卓著的两位艺术大师，在二十世纪初期便离开了。1900 年，在丹斯洛为《绿野仙踪》一书所做的插画作品获得巨大成功之后，他与妻子离了婚，移居纽约，还买下百慕大的一个小岛，在岛上将自己立为一个至上的君主。1915 年，他与世长辞。而塞缪尔·华纳的后期事业则显得更加晦暗难定。

哈伯德要寻找另外的艺术家弥补前罗伊克罗斯特艺术家的离去。哈伯德委托路易斯·J. 瑞德——一位在美国领军的插图画家——为他出版的惠特曼作品制作扉页。那部出版物于1900年问世，但瑞德不想把自己束缚于一项固定的工作上。在这一年，哈伯德还聘请了奥托·施耐德来画许多名人的肖像，还有朱尔斯·加斯帕德来雕刻这些画像，又请了路易斯·金德——一名受过训练的德国装订家，为罗伊克罗斯特出版的一些书籍装订手制皮革。一位法国画家亚丽克西斯·J. 富尼耶，也来到东奥罗拉，为旅馆描绘壁画，但是，这一切对于解决书籍的新设计创作这一首要问题仍是于事无补。旧的设计一再重复，搭配新的书名，然后以金德的手艺装订成书。但是，即便他的手工皮革是一流的手艺，无愧于哈伯德对它所有的赞美，但这不能满足大众长久购书的兴致。

终于，哈伯德的祈祷得到了回应。1903 年 6 月，一名当时年仅十九岁的年轻人来到东奥罗拉并住了下来，他转变了图书的样式，使设计更现代化，并设计出全美国出版的书籍中最好的一些排印雕版画。这个年轻人就是达拉·亨特，后来成了制作精美纸制品的世界级权威。在他的自传里，他描述了自己在罗伊克罗斯特出版社的培训生涯及他与哈伯德一家人的关系。他认为："在图书编撰收集的发展过程中，哈伯德很可能比与他同时代的任何人产生的影响更大。"

达拉·亨特的设计显示出他非常认真地研究过德国和奥地利的装饰艺术期刊，这些期刊多是哈伯德提供给他的雇员们的。亨特为爱默生的《自然》所设计的封面——即罗伊克罗斯特出版社 1905 年的《自然》重印版的封面——是他较为大胆和独特的一幅设计作品，这件作品可能受到了威尔·布拉德利作品的影响。而里普·万·温克尔的版本，看上去更加的保守但却有效，可视为上述版本的姊妹篇。这两个版本，包括其间的首字母设计和补白图案呈现出一种程式化的自然主义风格，这种风格的作品非常的实用，既可作为插图之用，也可作为排版之用。这些作为要素的木刻特性绝不有害于这些版本的页面布局，通常认为这些版本的布局比先前罗伊克罗斯特的版本拥有更多的趣味和更好的比例。1906 年，亨特接手了一本书的设计，这被认为是罗伊克罗斯特出版社最好的设计。这本书的书名为《查士丁尼和狄奥多拉》，系哈伯德和他第二任妻子艾莉斯的共同作品。白、红、黄的扉页非常醒目现代，显示出设计者的大胆和对传统的背离。接下来几年，亨特设计了雨果的《滑铁卢之战》、哈伯德的《白色风信子》。他的装饰性花边设计风格在《白色风信子》中首次出现，并在之后的《绕口令》中再次得到应用，这种设计具有一种程式化的新艺术派风格，较之于维多利亚风格更加现代。1908年，亨特为艾莉斯·哈伯德所设计《女人的工作》，整个封面全由字母构成。他也为罗伊克罗斯特旅馆设计过一些彩绘玻璃窗。

很明显，在早期的罗伊克罗斯特出版的书籍中，没有亨特的作品。同时，也应当注意到，亨特作品形式上的多角曲折标志着新艺术派曲线风格的回归。这一趋势亦可以从1900年以后维也纳装饰艺术中得到印证，亨特承认，他曾从中得到了灵感。他舍弃了与十六世纪威尼斯的排版和印刷风格的显著联系，而这一风格在1900年之前曾为科尔莫斯考特和罗伊克罗斯特出版社采用。亨特将此代之以一系列呈微妙联系的正方形和长方形，并将字母和花纹置于其中，从而和谐地融入整个页面中去。将亨特的设计比照塞缪尔·华纳更加传统的边饰和原始的排版，我们可以发现亨特的上述设计风格显得更加突出。通过亨特的努力，哈伯德产业的艺术水准和罗伊克罗斯特的书籍装饰设计水准保持在时代前列。1908年，一本新的杂志——《兄弟》，在东奥罗拉发行，亨特设计的程式化的花和带有棱角的茎使得整个杂志特点鲜明，现代感极强。达拉·亨特于1910年离开东奥罗拉，在维也纳继续他的事业。但是离开之后，他的风格，甚至是他的边饰、点缀一次又一次地出现在了罗伊克罗斯特人的作品当中。

1915 年 5 月，艾莉斯和阿尔伯特·哈伯德在露西塔尼亚号邮轮上不幸遇难。之后，下一代的阿尔伯特·哈伯德接管了罗伊克罗斯特公司的工作。和十九世纪到二十世纪之交大受欢迎的局面相比，当时罗伊克罗斯特的受欢迎程度已经在迅速降低。罗伊克罗斯特的店铺苦苦经营着，直到大萧条来临——铜制品产业在 1933 年中断；最后的一家印刷厂也在 1938 年倒闭了。东奥罗拉的旅馆仍旧为来访者提供住宿，罗伊克罗斯特公司坚持下来的人群也占据着这个地区的大多数。几十年后，在世纪之交生产的书籍和物品逐渐被遗忘，或者沦落到阁楼和二手书店去了。现在它们再次被人们收藏，被当作十九世纪晚期和二十世纪早期美国书籍装饰艺术的优秀代表。

1900 年到 1915 年，大西洋两岸遍及各地的“艺术家运动”对建筑和装饰艺术有深远的影响。这从加利福尼亚的格林设计的家居、中西部的弗兰克·劳埃德·赖特的工作室设计的建筑及东部的许多平房中可以看出。其原则基于威廉·莫里斯的理念，哈伯德是第一个在美国推广莫里斯艺术理念的人，肯定也被认为是这种方式的核心创立人之一。

也要向在伊斯威特（位于纽约锡拉丘兹附近）的古斯塔夫·斯蒂克利致敬，他在 1898 年停止生产当时非常时尚的“米逊风格”家具，倡导建立联合手工艺工作坊，并且在1901年 10 月，他的想法有了成果：《艺术家》杂志在锡拉丘兹大学罗曼语教授伊伦·萨金特的支持下面世，而萨金特肯定了解哈伯德公司的产品。人们会把伊斯威特的产品与东奥罗拉的产品相比较，尽管双方是激烈的竞争对手，但有时候他们的设计竟如此相似，以致没法将彼此区分开来。虽然近期有针锋相对的争论，但哈伯德在时间上优先。因为没有利用印刷术，斯蒂克利“手工艺人的家”几乎没法达到哈伯德产品那样广泛流行的程度。

罗伯特·科赫

# 二、加西亚小传

加西亚将军是古巴的革命家和 1868 年至 1878 年古巴反对西班牙侵略者十年独立战争期间的起义军首领。由于他的反抗活动，他被捕并投入监狱，直到 1878 年末。在他获释后，他又再次被捕。到了 1895 年，他来到美国，并作为古巴起义军的领袖在美西战争中扮演重要角色。1898 年，正当他作为委员会的一员与麦金莱总统讨论古巴事务时，死于华盛顿特区。

# 三、罗文上校小传

罗文上校是一个美国军官。他1857年4月23日生于梵蒂冈，后来跟随他曾为同盟军上校的父亲来到美国弗吉尼亚。他二十岁进入西点军校，并于1881年毕业于这所学校。当时，他是第十五步兵团的少尉。在接下来的八年，他服役于得克萨斯州、科罗拉多州及达科他州边境。并被指派到南美洲从事军事分界线的划分事务。

出于一些原因，他对古巴产生了兴趣并写了一本关于这个岛国的书。由于这本书，也由于他的有关西班牙方面的知识，他建立了自己作为地形学专家的声誉。另外，他的体质也很好，爬山是他业余最喜欢的活动。所有这些使他成为去古巴完成使命的最佳人选。事实上，并非如《把信送给加西亚》一书的作者所说，罗文有一封密存在防水布袋中的麦金莱总统的信要送，罗文只是从他的上级瓦格纳上校那儿得到了一个口头的命令：确定加西亚将军的实力，以及安排他们和美国军队协同作战，因为有一场事关古巴独立的美西战争要打响了。罗文一开始坐船到牙买加，在那儿他与古巴的起义者联络，他们于1898年 4 月 24 日用小渔船把他送到接近古巴岛的圣地亚哥。这一天正是西班牙对美国宣战的那一天。一组古巴人引导他穿过茂密的、虫子滋生的丛林，跋涉了六天。在此期间，他的食品供应断绝，在最后几天只好依靠马铃薯生活。在所有这些严酷考验中有一件事特别值得一提：当时有一些自称是西班牙军队叛逃者的人混进了队伍，其中一个人用刀刺向罗文，但这个人很快被罗文的古巴同伴用大刀砍死了。

在西班牙与美国之间的战争结束以后，罗文曾在菲律宾参与作战，后在堪萨斯州立农业学校教授军事科学和战术思想。他还在美国的其他地方如西点军校和华盛顿工作过。他因在菲律宾的战斗中的勇敢而受表彰。罗文于 1909 年退休，退休后生活在旧金山。他死于 1943 年。

# 四、 A Message to Garcia

In all this Cuban business there is one man stands out on the horizon of my memory like Mars at perihelion.

When war broke out between Spain and the United States , it was very necessary to communicate quickly with the leader of the Insurgents. Garcia was somewhere in the mountain vastness of Cuba—no one knew where. No mail nor telegraph message could reach him. The President must secure his cooperation, and quickly. What to do!

Some one said to the President, "There's a fellow by the name of Rowan will find Garcia for you, if anybody can."

Rowan was sent for and given a letter to be delivered to Garcia.

How "the fellow by the name of Rowan" took the letter, sealed it up in an oil-skin pouch, strapped it over his heart, in four days landed by night off the coast of Cuba from an open boat, disappeared into the jungle, and in three weeks came out on the other side of the Island, having traversed a hostile country on foot, and delivered his letter to Garcia—are things I have no special desire now to tell in detail. The point that I wish to make is this:

McKinley gave Rowan a letter to be delivered to Garcia; Rowan took the letter and did not ask: "Where is heat?"

By the Eternal! There is a man whose form should be cast in deathless bronze and the statue placed in every college of the land. It is not book—learning young men need, nor instruction about this and that, but a stiffening of the vertebrae which will cause them to be loyal to a trust, to act promptly, concentrate their energies: do the thing— "Carry a message to Garcia!"

General Garcia is dead now, but there are other Garcias. No man who has endeavored to carry out an enterprise where many hands were needed, but has been well—nigh appalled at times by the imbecility of the average man—the inability or unwillingness to concentrate on a thing and do it.

Slipshod assistance, foolish inattention, dowdy indifference, and half-hearted work seem the rule; and no man succeeds, unless by hook or crook or threat he forces or bribes other men to assist him; or mayhap, God in his goodness performs a miracle, and sends him an Angel of Light for an assistant.

You, reader, put this matter to a test: You are sitting now in your office—six clerks are within call. Summon any one and make this request: "Please look in the encyclopedia and make a brief memorandum for me concerning the life of Correggio." Will the clerk quietly say, "Yes, sir," and go do the task?

On your life, he will not. He will look at you out of a fishy eye and ask one or more of the following questions:

Who was he? Which encyclopedia? Where is the encyclopedia? Was I hired for that? Don't you mean Bismarck? What's the matter with Charlie doing it? Is he dead? Is there any hurry? Shan't I bring you the book and let you look it up yourself? What do you want to know for?

And I will lay you ten to one that after you have answered the questions, and explained how to find the information, and why you want it, the clerk will go off and get one of the other clerks to help him try to find Garcia—and then come back and tell you there is no such man. Of course I may lose my bet, but according to the Law of Average, I will not.

Now, if you are wise, you will not bother to explain to your "assistant" that Correggio is indexed under the C's, not in the K's, but you will smile very sweetly and say, "Never mind," and go look it up yourself.

And this incapacity for independent action, this moral stupidity, this infirmity of the will, this unwillingness to cheerfully catch hold and lift—these are the things that put pure Sociahsm so far into the future.

If men will not act for themselves, what will they do when the benefit of their effort is for all?

A first-mate with knotted club seems necessary; and the dread of getting "the bounce" saturday night holds many a worker to his place. Advertise for a stenographer, and nine out of ten who apply can neither spell nor punctuate—and do not think it necessary to.

Can such a one write a letter to Garcia?

"You see that bookkeeper," said the foreman to me in a large factory. "Yes, what about him?" "Well, he's a fine accountant, but if I'd send him up town on an errand, he might accomplish the errand all right, and on the other hand, might stop at four saloons on the way, and when he got to Main Street would forget what he had been sent for." Can such a man be entrusted to carry a message to Garcia?

We have recently been hearing much maudlin sympathy expressed for the downtrodden denizens of "the sweat-shop" and the "homeless wanderer searching for honest employment", and with it all often go many hard words for the men in power.

Nothing is said about the employer who grows old before his time in a vain attempt to get frowsy ne' er-do-wells to do intelligent work; and his long, patient striving after "help" that does nothing but loaf when his back is turned.

In every store and factory there is a constant weeding-out process going on. The employer is constantly sending away "help" that have shown their incapacity to further the interests of the business, and others are being taken on. No matter how good times are, this sorting continues: only, if times are hard and work is scarce, the sorting is done finer—but out and forever out the incompetent and unworthy go. It is the survival of the fittest. Self-interest prompts every employer to keep the best—those who can carry a message to Garcia.

I know one man of really brilliant parts who has not the ability to manage a business of his own, and yet who is absolutely worthless to any one else, because he carries with him constantly the insane suspicion that his employer is oppressing, or intending to oppress, him. He cannot give orders; and he will not receive them. Should a message be given him to take to Garcia, his answer would probably be, "Take it yourself!"

Tonight this man walks the streets looking for work, the wind whistling through his threadbare coat. No one who knows him dare employ him, for he is a regular firebrand of discontent. He is impervious to reason, and the only thing that can impress him is the toe of a thick-soled Number Nine boot.

Of course I know that one so morally deformed is no less to be pitied than a physical cripple; but in our pitying let us drop a tear, too, for the men who are striving to carry on a great enterprise, whose working hours are not limited by the whistle, and whose hair is fast turning white through the struggle to hold in line dowdy indifference, slipshod imbecility, and the heartless ingratitude which, but for their enterprise, would be both hungry and homeless.

Have I put the matter too strongly? Possibly I have; but when all the world has gone a—slumming I wish to speak a word of sympathy for the man who succeeds—the man who, against great odds, has directed the efforts of others, and having succeeded, finds there's nothing in it: nothing but bare board and clothes.

I have carried a dinner—pail and worked for day's wages, and l have also been an employer of labor, and I know there is something to be said on both sides. There is no excellence, per se, in poverty; rags are no recommendation; and all employers are not rapacious and high-handed, any more than all poor men are virtuous. My heart goes out to the man who does his work when the "boss" is away, as well as when he is at home. And the man who, when given a letter for Garcia, quietly takes the missive, without asking any idiotic questions, and with no lurking intention of chucking it into the nearest sewer, or of doing aught else but deliver it, never gets "laid off" nor has to go on a strike for higher wages.

Civilization is one long anxious search for just such individuals.

Anything such a man asks shall be granted. He is wanted in every city, town and village—in every office, shop, store and factory. The world cries out for such: he is needed and needed badly—the man who can "Carry a Message to Garcia."

So who will send a letter to Garcia?

Elbert Hubbard

1899